U0020344

孩子的
科學遊戲

53 個在家就能玩的科學實驗 全圖解

蕭俊傑 科學 **X** 博士 著

本書科學實驗提供：小宇宙自然科學教室
網址：http://www.science.idv.tw
FB：小宇宙自然科學教室
LINE ID：@science9000

作者自序：什麼是科學的能力？

透過實驗認識科學，親手操作、親眼觀察，原本就是學習科學最理想的方式。這個觀念相信很多家長都已經了解。不過，在我的科學教育推廣目標裡，「動手做」除了科學上的學習，我還想傳達其他意義。

首先是「知易行難」。舉一個例子來說，當我準備書中的葉子書籤實驗時，我先想好要表達的科學內容，設計了實驗步驟，然後開始動手準備拍攝。這時候才發現，雖然路上到處都是樹，但是為了拍攝好看，要找到一片大小合適，而且又完整的樹葉並沒有想像中的簡單。步驟中用牙刷去除葉肉的技術也需要練習。拍攝失敗了幾次，把撿回來的葉片都用光了，又要出門去找樹葉。要完成這個單元的拍攝，絕不是「把葉子泡氫氧化鈉溶液後刷一刷就好」這麼簡單。

每一個細節、每一個步驟都有它的學問與道理。如果說這個世界是知易行難，這個「難」的意義，不是要知道它很難、相信它很難，而是要感受它很難。感受了事情的難，才能真正珍惜身邊的擁有，同時對他人的工作有所尊重與感謝。這些「難」所帶來的收獲，如果沒有親身體驗，是永遠都不會明白的。

另外，在規劃這本書的時候，「延伸探索」這一段是我另一個想傳達的重點。在求學期間，我們常常在追尋一個填在考試卷上的標準答案。其實很多問題的標準答案，都只在理想狀況才存在，然而真實的世界一點都不理想，或者說，許多的問題原本就不存在標準答案。就以電磁列車實驗來看，線圈選用什麼金屬會是「最好」的？哪種金屬會讓列車跑的最快？而這種金屬會不會因為太硬或太軟，反而讓線圈纏繞變得更困難？又快又好纏的金屬，會不會又因為太貴太難買而難以取得？什麼是最「最好」，唯有靠自己的探索，才有屬於自己的答案。

回頭想想，學習科學的目的是什麼？知識無限，永遠學不完。對我來講，學習科學本身不是一個目的，而是一個過程。學習科學不是為了找出標準答案，而是訓練面對問題時，有能力找出屬於自己的正確答案。有了找出答案的能力，才能運用這個能力面對職場、面對社會、面對世界。這本書，給小朋友的是一個開端，是一個用科學的方式了解世界的開端。期待小朋友們透過本書的學習，培養出面對未來的超能力。

最後，最最高興的，還是能跟我女兒阿歆（封底的女生）一起完成這本書。

蕭俊傑

推薦序：更好的科學學習方式

以下三句話，略嫌武斷，但的確是我此刻的信念：

第一，最好的教育方式，就是讓學生覺得自己在玩。
第二，最好的學習方式，就是把自己會的分享出來。
第三，最好的領導方式，就是當個積極的學生。

這三句話的概念不是我原創，我也忘了最早是從哪看來的，但看見之後覺得極好，與我自己求學、創業、與帶領團隊的經驗一致。如果要問我的人生與工作在幹嘛？我會說就是實踐這三句話，並且讓更多人一起這麼做。

其實，身為一個文科生、一名科學網站總編輯、以及一個女兒的父親，我很幸運，時常有機會帶著女兒到科學博物館、教育館參觀，參加活動。我很希望能夠讓女兒用跟我小時候不一樣的方式接觸科學，愛上科學，能夠在過程中跟朋友同學去玩、去分享、去學著領導。

所以當我知道台灣知名科學教育者 X 博士跟女兒一起出書，讓我再期待不過了。

這本書是我看過對像我這樣的文科父母來說，最友善的一本從實作學科學的書籍。每一個小實驗都非常簡明、操作過程十分清楚、成本低、易上手、安全性也高，卻能從中學到許多基本但重要的科學原理，藉此了解這個世界。

比起直接給孩子一個答案，這肯定是更好的學習方式。在此，誠摯推薦。

泛科學總編輯 鄭國威

目錄 Contents

NOTE：實驗中需要用到的東西，大多可以在實驗器材行、化工用品店、五金行與文具店買到喔！

用 COCOAR2 掃描本頁，就能觀賞
「科展秘笈」系列影片。

食品的科學遊戲

01
變色晚餐

👍 生活情境

小朋友的生日派對上，好吃的晚餐正進行到一半時，哇！飯居然變色了！
為什麼白白的飯會自己變色？究竟爸爸媽媽在晚餐中施了什麼魔法呢？其
實這是食物中的酸鹼在做怪！

✎ 實驗說明

做一次變色晚餐，就可以讓小朋友體驗到食物中的酸鹼變化。這個實驗中
使用的紫甘藍菜（又稱紫高麗菜）所含的天然植物色素，它的顏色會隨碰
到的酸性或鹼性溶液產生變化，所以從紫甘藍菜煮出來的紫甘藍水，碰到
酸性時會變紅色，碰到鹼性時會變成藍綠色。我們將浸泡過紫甘藍水的白
飯，分別混入酸性的檸檬汁、醋，還有鹼性的蛋白，就可以變出一份有趣
的變色晚餐囉！

🔍 實驗器材

紫甘藍、白飯、蛋白、食用醋、檸檬汁、碗或
杯子數個。

▶ 實驗步驟

將紫甘藍洗
乾淨。

1
先把紫甘藍
洗乾淨並剝
成片狀。

將紫甘藍剝
成片狀。

01 變色晚餐

2

繼續將紫甘藍剝碎。

剝成一片一片的紫甘藍要撕碎成小片狀，這樣子可以加快煮紫甘藍水的速度。

3

放入鍋中加水，用瓦斯爐加熱大約5到10分鐘。

4

10分鐘後會發現整鍋水都變成紫色了！

貼心叮嚀 瓦斯爐加熱過程可能會燙到，小朋友要請大人幫忙喔！

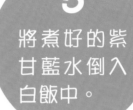

5

將煮好的紫甘藍水倒入白飯中。

這時候你會看到飯粒變成紫色了！變色晚餐的第一階段完成。

6

將變成紫色的飯分裝成三碗。

01 變色晚餐

7

在第一碗飯中加入蛋白，試試看會變成什麼顏色！

8

在第二碗飯中加入檸檬汁，試試看會變成什麼顏色！

9

在第三碗飯中加入醋，試試看會變成什麼顏色！

貼心叮嚀 將它攪拌均勻，顏色才會變得更漂亮。

10

這就是因為紫甘藍對酸鹼產生不同顏色的變化,才讓我們的晚餐變色!

孩子的科學遊戲

貼心叮嚀

使用蛋白來做變色晚餐時,因為蛋白是生的,請媽媽一定要選用新鮮的雞蛋來進行實驗。

延 伸 探 索

由於醋、檸檬汁、蛋白的酸鹼度不同,可以讓紫甘藍菜水煮出來的指示劑產生顏色的變化。

如果把醋、檸檬汁、蛋白加多一點,可以讓顏色變更深嗎?另外,加過酸性的醋或檸檬汁變色後的飯,再加上鹼性的蛋白還可以再變回原本的紫色嗎?大家可以繼續試試看。

13

02
自己做起司

牛奶酸化應用

👉 生活情境

你知道平常早餐常吃的起司，
是怎麼做出來的嗎？
其實用你常喝的牛奶，
就可以來個起司 DIY。
讓我們一起來試試看吧！

➘ 實驗說明

為什麼牛奶可以做成起司呢？其實牛奶含有蛋白質、乳脂肪與乳糖
等豐富的營養素，當然也含有水份。在牛奶中加入醋之後，讓牛奶
開始酸化，就可以把牛奶中的水份分離出來，再將它加熱後便可以
把水份去除。這時候，牛奶所含的蛋白質與乳脂肪將會被集中起
來，就可以做成固體狀的起司了。步驟超簡單，你也可以把自己最
愛喝的牛奶變成最好吃的起司囉！

實驗器材

全脂牛奶、食用醋、食鹽、小餅乾、濾網、燒杯與酒精燈組。

實驗步驟

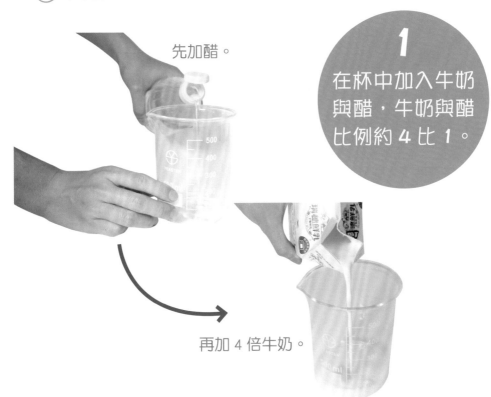

先加醋。

1
在杯中加入牛奶與醋，牛奶與醋比例約 4 比 1。

再加 4 倍牛奶。

O2 自己做起司

3
在加熱的過程中會發現液體變成黃色。

2
將杯子放到酒精燈上加熱，會發現牛奶慢慢凝固。

直到凝固的牛奶與液體完全分離即可停止加熱。

4
用濾網把杯子中的液體和固體分離。

5
將固體的部分取出來。

貼心叮嚀 加熱完的牛奶與醋溫度很高，要等到涼了才開始過濾喔！

6
加入少許食鹽攪拌。

7
攪拌均勻後就可以夾到餅乾中享用了。

貼心叮嚀 我們自製的起司都沒有添加防腐劑,完成之後還是要盡快吃完喔!

延 伸 探 索

市面上可以買到的起司種類非常的多,在製作過程的步驟中只要有些小小的變化,就可以讓起司有不同的味道與口感。而搭配不同的餐點來享用起司,有時候也會有意想不到的風味喔!

O3 自己做果醬

水的 滲透

水的蒸發

生活情境

吃麵包時我們常常夾入不同口味的果醬，但大部分的果醬都是在超級市場或麵包店裡面買的。你知道果醬怎麼做出來的嗎？如果有些口味買不到，有沒有辦法可以自己做呢？

實驗說明

其實果醬的做法很簡單，脫水是一個重要的
步驟。果醬可以保存的時間比水果來得久，
其中一個原因就是因為果醬中沒有水份，
這樣可以避免微生物的生長。在水果中混入糖，
就可以讓水果中的水份滲透出來，這時候只要再加熱，
讓滲透出來的水份蒸發掉，那剩下的部分就是美味的果醬囉！

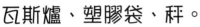 實驗器材

奇異果、糖、小鍋子、筷子、
瓦斯爐、塑膠袋、秤。

▶ 實驗步驟

1
把奇異果皮剝掉，
放到秤上量量看
奇異果的重量。

2
用秤量出需
要的糖量。

糖的重量大約是
奇異果重量的一
半就可以。

19

O3 自己做果醬

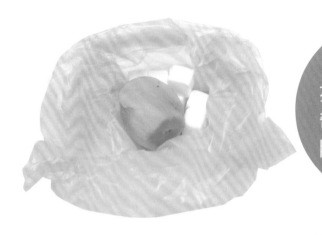

3
把秤好的糖和奇異果裝到塑膠袋裡。

4
用手隔著塑膠袋，把奇異果和糖捏碎。

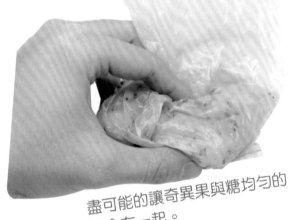

盡可能的讓奇異果與糖均勻的混合在一起。

5
把混合後的奇異果和糖倒入小鍋子，等水份跑出來。

將小鍋子放到瓦斯爐上，用小火加熱。

加熱過程中為避免燒焦，我們要用筷子持續攪拌。

孩子的科學遊戲

7

等到水份都乾了，放涼就可以吃囉！

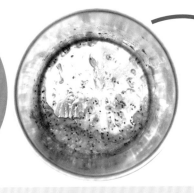

貼心叮嚀 雖然果醬的保存比水果還要久，但是我們的製作過程完全沒有加入任何防腐劑，所以果醬完成後還是要盡早把它吃完喔！

延伸探索

這個實驗讓我們學到的知識有很多喔！首先是果醬可以長時間保存的秘密是因為沒有水份，接下來是水份可以藉由糖讓它滲透出來，還有水份很容易經由加熱的過程蒸發掉。了解這些原理後，小朋友要不要試試身邊其他水果，看看能不能也做出美味的果醬呢？

04 星星吐司

輻射傳遞熱能

隔絕熱能

生活情境

你知道為什麼撐陽傘就可以在大太陽底下比較涼爽嗎？

讓我們用家裡每天都會吃的烤吐司來做實驗，

利用隔絕輻射熱能的原理，在你的烤吐司加入有趣的變化。

實驗說明

曬太陽時我們沒有碰到太陽，而且太陽離我們這麼遠，為什麼也會覺得熱熱的呢？因為有一種熱能的傳遞方式叫「輻射」，這種方式不需要跟熱量的來源直接接觸，也不需要有空氣或是水來攜帶熱量，太陽就是靠這種方式把熱量傳遞給大家。而就像撐陽傘一樣，輻射的熱能只需要把它「遮起來」就可以擋住了。我們要用烤麵包機來當做太陽，再幫吐司麵包做一把陽傘，烤出一片屬於你的星星吐司喔！

實驗器材

吐司麵包、烤箱、剪刀、鋁箔紙、筆、白紙。

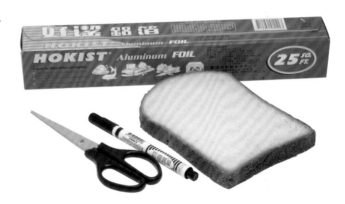

實驗步驟

1
用筆在白紙上畫出喜歡的圖形。

04 星星吐司

2

將白紙墊在鋁箔紙上，用剪刀把圖形剪下來。

貼心叮嚀 避免用筆直接在鋁箔紙上畫圖，因為這樣筆上的油墨可能會殘留在鋁箔紙上，與吐司接觸後可能會被我們吃下去喔！

3

將剪下的圖形放在吐司麵包上，放入烤箱。

4

加熱適當時間之後，戴上手套取出吐司。

5
取下吐司上的鋁箔紙，星星吐司就完成了。

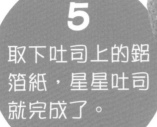
貼心叮嚀　星星吐司烤好之後，我們剪好的鋁箔紙星星還是會燙，小朋友要注意不要馬上直接用手去拿。

延伸探索

除了烤麵包機之外，太陽、電燈所產生的熱能也都會用輻射的方式來傳遞。想要有效的把輻射所帶來的熱能擋住，除了鋁箔紙之外，只要可以把熱源（也就是太陽、電燈等）直接「遮起來」的東西也都可以。而且，遮蔽的效果越好，隔離輻射熱的效果也會越好喔！

25

05

五鹽六色

表面摩擦力

生活情境

班上要佈置教室，我想起上次跟媽媽逛美術館時，
看到館內展示了許多用砂子所完成的藝術品，
這些砂子五顏六色好漂亮，
我也好想要用彩色的砂子來做出美麗的藝術品，
讓我們教室變得更漂亮。

實驗說明

自然界的許多物體都有摩擦力，利用摩擦力，
很多物體之間可以「緊緊的抓住彼此」。這
個實驗中，鹽的表面摸起來粗粗的，我們利用
它表面的摩擦力沾上各種顏色的粉筆灰，就可
以做出彩色的鹽，再將它分層裝入瓶子裡，鹽
粒之間的摩擦力也會互相「抓住」不會散掉，
我們所創作的各種顏色就會被保留下來了。

🔍 實驗器材

鹽、不同顏色的粉筆、
保特瓶、透明小罐子、
漏斗。

▶ 實驗步驟

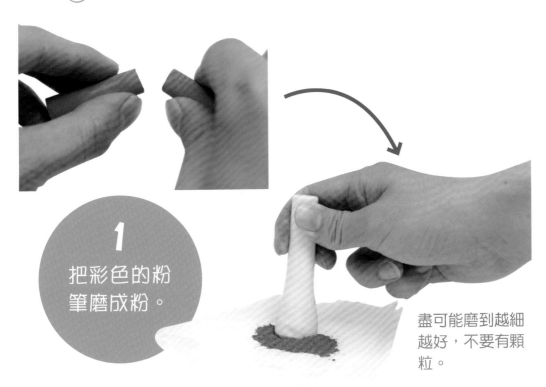

1
把彩色的粉
筆磨成粉。

盡可能磨到越細
越好，不要有顆
粒。

05 五鹽六色

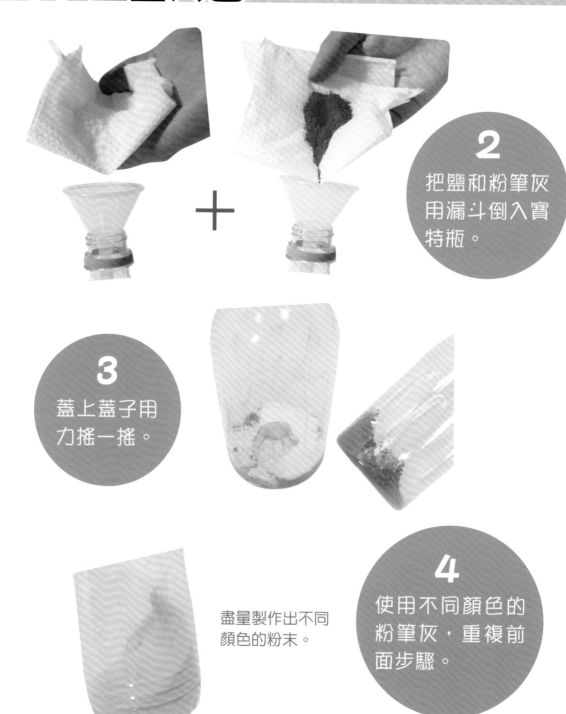

2 把鹽和粉筆灰用漏斗倒入寶特瓶。

3 蓋上蓋子用力搖一搖。

盡量製作出不同顏色的粉末。

4 使用不同顏色的粉筆灰，重複前面步驟。

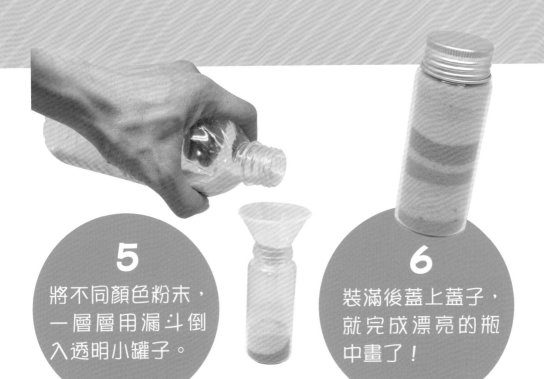

5

將不同顏色粉末，一層層用漏斗倒入透明小罐子。

6

裝滿後蓋上蓋子，就完成漂亮的瓶中畫了！

貼心叮嚀　雖然蓋子遮住的部分是看不到的，但還是要把鹽裝到滿，讓鹽緊緊的塞在一起增加摩擦力，這樣我們的圖形就可以更好保存喔！

延伸探索

鹽的摩擦力還有其他應用。像是我們的布偶如果沾了灰塵不容易清洗，我們可以把布偶跟鹽一起放到塑膠袋裡，用力搖動塑膠袋，讓鹽的摩擦力把布偶上的灰塵「黏」下來，最後再把布偶拿出來，將鹽粒拍掉，布偶就會變得比較乾淨了。

06 飲料糖度計

👆 生活情境

我們常常有機會到手搖飲料店買飲料，為了健康，我們都會選擇在飲料中只加入半糖。雖然我們跟店員說要半糖，但沒辦法確定每一家飲料店的半糖是不是都是一樣的含糖量。這時候，我們只要自己做一個糖度計就可以了。

↘ 實驗說明

我如何知道一杯飲料中有多少糖？大家都知道東西放到液體中就會有浮力，但是液體所產生的浮力會跟液體的密度有關。飲料中的含糖量越多，密度越大，產生的浮力就會越大，糖度計就會浮出水面越多。其實糖度計用到的原理，跟阿基米德利用水的浮力，來檢查皇冠的含金量原理很接近。他用同樣的水來測量不同的材料，我們用同樣的材料來測量不同的液體。大家覺得是不是很像呢？

🔍 實驗器材

市售手搖飲料全糖、無糖各一杯、量筒或是較深的透明杯子、塑膠滴管、砂子或小石頭（水族用品店有）、剪刀、小漏斗、膠帶。

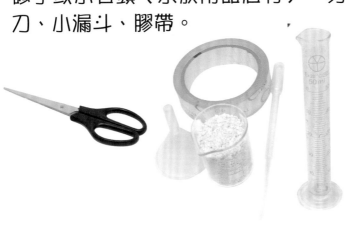

▶ 實驗步驟

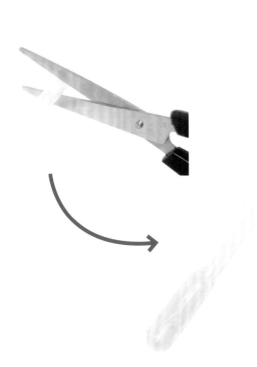

1
用剪刀將塑膠滴管尖嘴部分剪掉。

06 飲料糖度計

2

把砂子（或小石頭）用小漏斗倒到滴管中。

3

將全糖飲料倒入量筒或透明杯子。

貼心叮嚀

如果家中有較深的杯子，也可以用杯子來代替量筒。但杯子一定要夠深，否則沒辦法讓糖度計浮起來。另外，如果杯子太寬，糖度計也比較容易倒掉。

4

將滴管放到全糖
飲料的量筒裡。

5

如果滴管整個浮
起來，就再加一
些砂子進去。

如果沉下去太多，就
把砂子倒出來一些。

6

用細奇異筆在滴
管與全糖飲料液
面接觸的地方做
記號。

黏上膠帶固定。

7

在洞口塞入一點點衛生紙封起來。

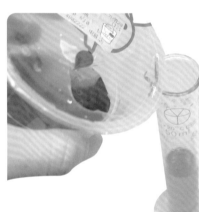

8

把量筒中全糖飲料倒出，再倒入無糖飲料。

將量筒中的飲料倒出後，最好把它清洗乾淨，避免混入糖份。

9

將滴管放到裝有無糖飲料的量筒裡。

10

同樣在滴管與飲料液面接觸處，做記號就完成了。

完成後小朋友們可以比較看看兩條線的差距有多大，哪一條線是全糖的飲料，哪一條是無糖的呢？

貼心叮嚀

雖然浮力主要受到飲料中糖份的影響，但飲料中的奶、果汁或是其他成分，也有可能影響浮力。真正要更精準的測出飲料中的含糖量，還需要用其他儀器來測量喔！

延 伸 探 索

完成了糖度計之後，大家可以試試看不同飲料店買到的全糖飲料，看看糖度計放到哪一家的全糖飲料時會浮起來最多，那麼這一家全糖飲料的含糖量可能就是最多的。同樣的，大家也可以用半糖試試看喔！

07
自己做寶石

生活情境

看到媽媽身上戴的寶石項鍊發出漂亮的光澤，
我也好想要有一個。原來透過用生活中常見的糖，
也可以自己製作出專屬的寶石。
我迫不及待好想快點進行實驗！

實驗說明

糖可以溶解於水中，但如果把糖一直加
一直加，溶到不能再溶，我們就稱這時
候的糖水為「飽和」。溫度越高，可以
溶入的糖就越多。在飽和的熱糖水中放
入一根竹籤，等到溫度漸漸降低，跑出
來的糖就有機會附著在竹籤上，變成一
顆顆的結晶了。利用這個原理，我們也
可以一起來試試看，怎樣才能用糖製作
出美麗的寶石喔！

 實驗器材

竹籤、竹筷、糖、燒杯與酒精燈組
（也可用小鍋子與瓦斯爐取代）、
打火機、粗吸管、剪刀、秤、溫度
計、食用色素。

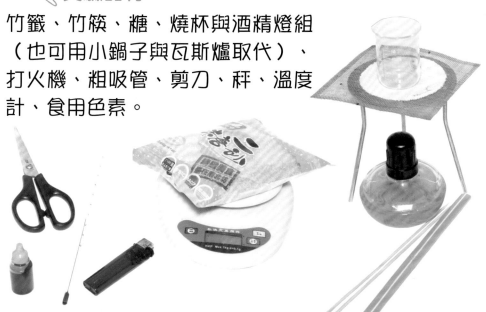

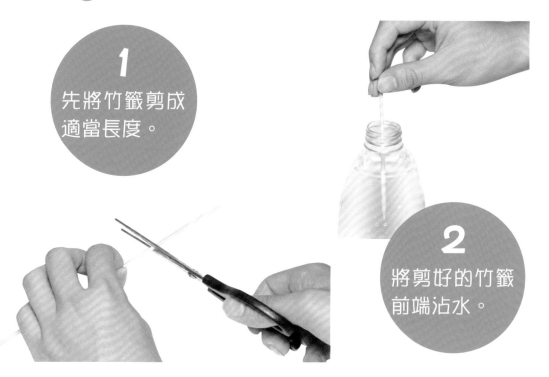

▶ 實驗步驟

1
先將竹籤剪成
適當長度。

2
將剪好的竹籤
前端沾水。

07 自己做寶石

3
再將沾水的竹籤沾糖。

4
讓少量的糖黏在竹籤上。

5
把粗吸管剪成如圖所示。

6
在剪好的吸管中間，用另一支竹籤戳洞。

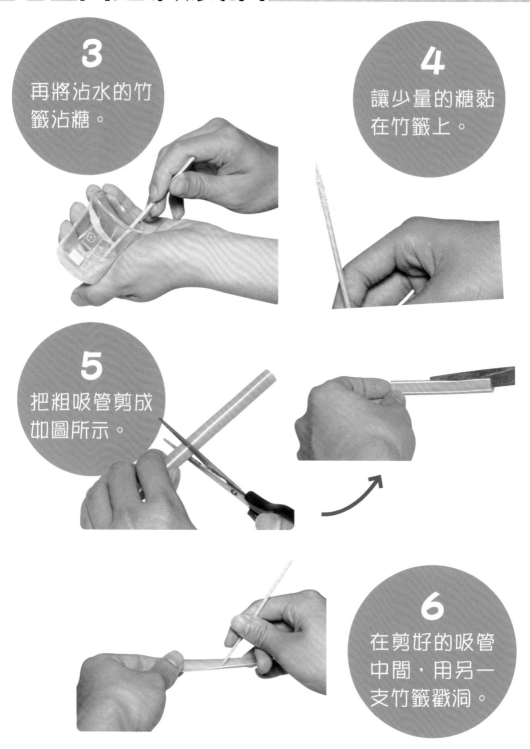

7

把沾有糖的竹籤，從鈍端裝入剪好的吸管。

8

在燒杯裡裝入約 60 公克的糖。

9

再將 30 公克的水倒入有糖的燒杯（糖水共 90 公克）。

07 自己做寶石

10
開始用小火加熱，攪拌到糖都融化。

貼心叮嚀

加熱過程可能會燙到，小朋友要請大人幫忙喔！

11
加入食用色素，可以自選顏色。

12

把竹籤放入糖水裡。

貼心叮嚀

放竹籤的時候，不要讓竹籤碰到燒杯的底部或邊緣。

13

靜置一個晚上，就可以得到美麗的寶石囉！

 延 伸 探 索

在日常生活中可以常常看到的結晶狀物體，除了糖之外還有鹽、冰糖。如果把實驗中的糖用鹽或冰糖來取代，也能夠做出結晶嗎？

08
脫水食物

食品加工

👆 生活情境

媽媽做的泡菜，酸酸辣辣的超級好吃。
但是看到媽媽做泡菜的過程中加了好多鹽在裡面，
為什麼做泡菜的時候要加鹽？
它跟泡菜的保存有沒有什麼關係？
我要趕快做實驗來試試看！

✎ 實驗說明

當我們在含水的食物加上食鹽時，
很明顯食物外的鹽濃度比食物內高很多。而水的
流動會往濃度的平衡狀態進行，也就是說，濃度高的
部分會傾向降低濃度、濃度低的部分也會升高濃度。
所以，當我們把食鹽加到含水食物裡，食物就會釋出水份，
來降低食物外的濃度。如此一來，就可以讓含水食物脫水，
製作出各種泡菜、醃漬食品，延長食物的保存期限了。

🔍 實驗器材

食鹽、黃瓜、水果刀、湯匙。

孩子的科學遊戲

1
先把黃瓜用水果刀切成一段一段。

每段長度約 5~8 公分。

2
用湯匙把黃瓜的斷面挖空。

注意不要挖到穿透過去，把黃瓜挖成像杯子一樣的形狀就可以了。

3
把食鹽倒入挖好的洞中，讓鹽把洞填平。

4
填滿後觀察小黃瓜的變化。

延伸探索

在這個實驗中看到因為濃度不同的關係，可以用食鹽讓食物中的水份滲透出來。大家也試試看，用糖、胡椒，甚至是用砂子，是不是也可以有同樣的效果呢？

09

三色汽水

👉 生活情境

今天晚上在家裡舉辦生日會，大家說好要
一人準備一道餐點，我剛好被分配到準備飲料。
當大家端出好多好吃的東西時，
我也端出了一杯杯超炫三層彩色汽水，
大家看了都好想趕快喝喝看。

↘ 實驗說明

飲料中溶入糖分的多寡會影響到它的濃度，而通常
濃度越高的部分會停留在杯子的越下面，如果我們
可以調出不同濃度的糖水，加上不同顏色的食用色
素，再把它由下往上、從濃度高到濃度低「堆疊」
起來，那就會變成一杯分層的彩色飲料囉！

🔍 實驗器材

無糖汽水（氣泡水）、方糖、
檸檬汁、食用色素、透明杯
子4個、筷子、小漏斗。

44

1

打開無糖汽水，倒到三個小透明杯子。

2

三個杯子分別放入 1 顆、3 顆、5 顆方糖。

並用筷子攪拌到方糖都溶在汽水裡。

3

在三個杯子裡分別擠入一些檸檬汁。

檸檬汁不要太多，調整到合適的酸度就好。

09 三色汽水

4 在三個杯子裡各滴入一點不同顏色食用色素。

並且用筷子把顏色攪拌均勻。

本實驗紅色使用 1 顆方糖，黃色 3 顆，藍色 5 顆。

5 把 1 顆方糖飲料倒入新杯子，不超過 1/3。

6 放上小漏斗，慢慢把 3 顆方糖飲料從漏斗倒進去。

貼心叮嚀

為了讓完成的飲料看起來比較漂亮，盡量讓每一種顏色的飲料都一樣多。

7
把 5 顆方糖
飲料從漏斗
倒進去。

8
三色分層飲料
就完成了！

延 伸 探 索

這個實驗有一個值得注意的地方。不知道大家看到放進去的方糖數量，會不會覺得「我們喝到好多糖喔」？感覺一下我們的飲料，跟平常買到的汽水比起來哪一個比較甜呢？相信是平常買的汽水比較甜。方糖的包裝上通常會有標示熱量，大家可以算算看我們的分層飲料熱量有多少，再比較一下平常的汽水，你可能就會改變你喝飲料的習慣喔！

用 COCOAR2 掃描本頁,就能觀賞
「科展秘笈」系列影片。

電磁的科學遊戲

10 筆芯麥克風

聲波振動

訊號傳遞

👉 生活情境

大家都知道,我們可以聽到聲音,是因為聲音可以透過空氣的振動來傳播。但是麥克風、電話也可以把我們的聲音傳給其他人,是不是因為在電的世界裡,也會像空氣振動一樣,幫我們把聲音傳出去呢?

做完筆芯麥克風實驗你就明白了!

↘ 實驗說明

為什麼我們的聲音可以透過電線來傳送?空氣的振動可以傳遞聲音,如果想要用電來傳遞聲音訊號,那就必須要將聲音的振動,轉為電流的改變。我們將電池接上耳機時,電池會在耳機的線路中形成電流。利用筆芯的振動,來改變線路上電流的大小,一個簡單的筆芯麥克風就完成了。

🔍 實驗器材

筆芯、紙杯、電池、鱷齒夾電線 3 條、美工刀、耳機。

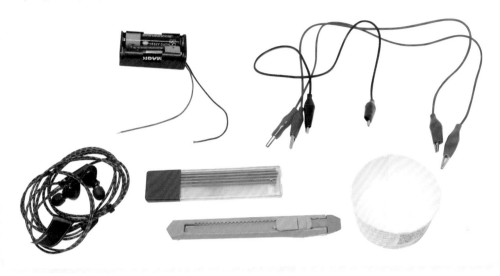

▶️ 實驗步驟

1

在紙杯兩側分別戳小洞，穿入兩支筆芯。

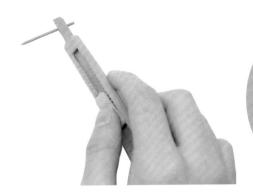

2

再切出一段較短的筆芯，用美工刀將一側刮平。

10 筆芯麥克風

3
將較短筆芯平放在紙杯內兩支筆芯上。

4
如圖所示,將兩條鱷齒夾各自接在耳機上。

貼心叮嚀
一定要有一個鱷齒夾夾在最靠近線的接點,另一個鱷齒夾可以夾在其他外側接點。

如果接錯了耳機可是不會有聲音的喔!

5
將耳機、麥克風和電池盒接起來,就像圖中的樣子。

6

找一個人對杯子講話，另一個人用耳機聽看看！

小朋友之間可以輪流，一個人說，一個人聽。

延伸探索

筆芯麥克風其實還有許多小學問在裡面。大家可以試試看把電池的極性顛倒，看看會不會有聲音。而大家再注意看看，耳機插頭上其實有三個不同的接點，改變兩個鱷齒夾的位置，同時戴上兩邊耳機，你就會發現這三個接點跟左右兩個耳機的關係喔！

11

 電流傳導

 導電材料

會導電的非金屬

👆 生活情境

問小朋友：「什麼東西會導電？」大概很多人都會回答：「金屬會導電！」
但是有一天爸爸跟小朋友在路上看到電線斷落，爸爸告訴小朋友絕對不可
以用手去把它撿起來，因為如果斷落電線還有通電的話可能會觸電，明明
我們的身體不是金屬，為什麼也會導電呢？

會導電的東西，一定都是金屬嗎？

✎ 實驗說明

小朋友身上的「肉」，也是可以導電的一種「材料」，所以是不是所有可以
導電的東西，一定都是金屬呢？答案是否定的。我們通常把可以導電的物體
稱為「導體」。至於能不能導電，除了看這個物質材料之外，還有是不是有
足夠的能量，能讓物體內部產生電流也是一個重點。在這個實驗中我們要利
用同學們的自動鉛筆筆芯，來看看筆芯是不是可以導電？

🔍 實驗器材

自動鉛筆筆芯、鱷齒夾、電池、電池盒、燈泡、燈泡座。

當然，要記得在電池盒裡裝上電池喔！

1

用鱷齒夾夾在電池盒兩端的導線上。

2

在電線的迴路中，一段改用筆芯連接。

貼心叮嚀　雖然直接接觸電池不會讓我們觸電，但實驗過程筆芯可能會產生高溫，小朋友要特別注意。

3

將燈泡裝上燈泡座，再將連結電池盒與筆芯的電線接上來。

4

燈泡亮了，這就代表筆芯也會導電。

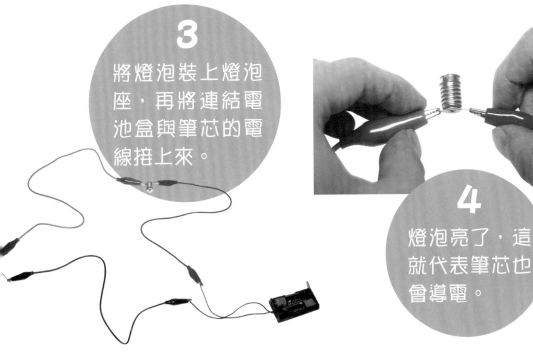

12
搖搖發電棒

發電機原理

👆 生活情境

參加晚會時，班上很多同學都帶了在文具店買的螢光棒，但是我卻從包包裡拿出大家從來沒有看過的搖搖發電棒，不但不用裝電池，而且就算用再久，只要我搖它，就還能繼續發光，實在是太與眾不同了。

↘ 實驗說明

發電機的原理，就是在線圈中有磁場的改變，就會有感應的電場產生，進而在整個電路中產生電能。磁鐵本身就具有磁場，在搖動搖搖發電棒的時候，磁鐵一下子接近線圈，一下子又遠離線圈，就會讓磁場忽大忽小不斷改變。這樣一來，磁場改變所產生的電能，就可以讓搖搖發電棒上的LED亮起來了。

🔍 實驗器材

珍珠奶茶用粗吸管、強力磁鐵 3~4 顆（吸在一起後必須能夠放到吸管中）、漆包線、LED、砂紙、紙、膠帶。

纏的時候要盡量整齊，
數圈可以越多越好。

1

在珍珠奶茶吸管
中段的位置纏繞
上漆包線。

2

用砂紙把漆
包線兩端的
漆磨掉。

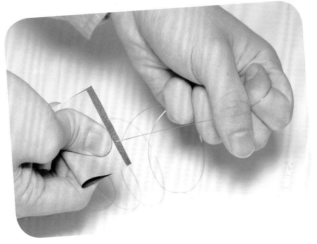

將多餘的漆包線剪掉，並用砂紙把漆包線兩
端的漆磨掉，直到露出漆包線內層的顏色。

貼心叮嚀

如果家裡面有三用電錶，也可以把電錶設定
到歐姆檔（電阻檔），接到磨好的漆包線
兩端，如果量出來的電阻值接近 0 的話，
那表示已經順利的把漆磨掉了。

12 搖搖發電棒

把漆包線兩頭磨掉漆的部分，
分別纏繞在 LED 的兩隻腳上。

3

把漆包線兩頭
纏繞在 LED 兩
隻腳上。

4

把磁鐵吸在一
起，放到吸管
中。

5

把紙揉成一
個小紙團。

6

小紙團塞緊吸管兩頭，再用膠帶封起來。

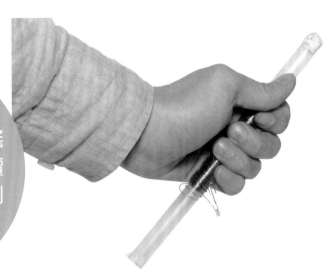

7

把燈關掉，快速搖動我們的搖搖發電棒，你就會看到 LED 亮起來了喔！

 延 伸 探 索

發電的過程中，LED 的亮度與磁鐵磁力的大小，漆包線線圈的圈數，還有搖動時的速度都有關。想想看，如果想要讓更多 LED 一起亮起來，你可以怎麼做呢？

13

電磁交互作用

電磁列車

👉 生活情境

百貨公司玩具部有好多看起來很好玩的玩具,而其中火車軌道組合向來都是受到小朋友們歡迎的商品之一。想要有電動火車玩具,一定要用買的才可以嗎?有沒有可能自己製作呢?我們就要教爸爸媽媽還有小朋友一個簡單的方法,只要運用電磁交互作用,也可以在家中做出屬於自己的電磁列車喔!

✎ 實驗說明

我們身邊有許多會動的東西,都是運用電磁的交互作用產生力量來推動的。電池的電流通過線圈,就會產生磁場。利用吸在電池兩頭的強力磁鐵把電池的電流導入線圈中,而線圈通電後產生的磁力又可以吸引磁鐵往前進。就這樣,一部簡單的電磁列車就完成了。

🔍 實驗器材

鋁線、電池、小管子（比電池略粗即可）、
圓形強力磁鐵（與電池粗細接近）。

▶️ 實驗步驟

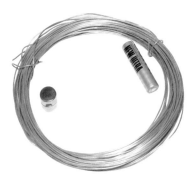

1
用鋁線纏在
小管子外。

纏的方向要固定是順時針或是逆時針。長度
可以依照個人喜好，鋁線越長，列車軌道就
會越長。

2
把鋁線捲成
像是彈簧的
樣子。

13 電磁列車

3

纏繞完成後用剪刀剪掉多餘鋁線。

4

拿下的鋁線就像圖中一樣。

貼心叮嚀 鋁線剪起來有些費力，小朋友在剪的時候要小心，不要受傷了。

5

把電池兩端吸上強力磁鐵，當作是列車。

貼心叮嚀 電池兩端的強力磁鐵極性必須是相同的，也就是吸在電池上之前必須要是相斥的。強力磁鐵的力量很大，使用時要很小心喔！

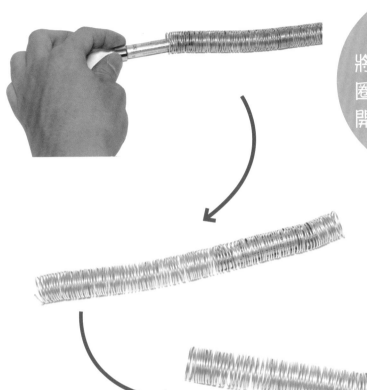

6

將列車放到鋁線圈裡，列車就會開始往前跑。

延 伸 探 索

磁鐵極性方向、線圈中電流方向都會影響電磁交互作用產生的力。大家可以試試把磁鐵的方向、鋁線纏繞的方向、列車擺放方向都逐一顛倒，看看列車的前進方向，會不會有什麼改變呢？另外，軌道的導磁性也會影響列車前進的速度，要不要也用鋁線以外的材料試試呢？

14
銅板做電池

化學能與電能

👆 生活情境

每次買東西回來，零錢都會放在家裡的零錢盒裡。尤其是一塊錢的銅板，不知不覺就會越堆越多。這實驗要教大家，只要幾個一塊的銅板，就可以做出真的可以用的電池。你還不趕快去把零錢盒中的一塊錢收集起來嗎？

✎ 實驗說明

電池是一種能量轉換與儲存的裝置，它主要利用兩種不同活性的金屬，透過化學反應將化學能轉換成電能。因為電子在鋁這種元素比在銅這邊更容易「跑掉」，這個原因讓它產生了電流，就可以變成電池了。而在這個實驗裡，我們要透過銅板來產生上面的能量轉換，讓銅板也能製作成電池。

🔍 實驗器材

食鹽、一元硬幣 10 個、
鋁箔紙、LED、電線、
化妝棉、小杯子、剪刀、
筷子。

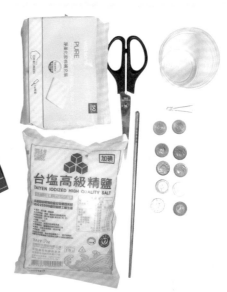

▶ 實驗步驟

1
用剪刀裁剪
鋁箔紙、化
妝棉。

貼心叮嚀 用剪刀的時候可能會有危險，
小朋友要請爸媽幫忙喔！

65

14 銅板做電池

2
將食鹽倒進小杯子，用筷子攪拌均勻。

如果食鹽都溶解了，就再倒入食鹽，直到無法再溶解更多食鹽為止。

盡可能讓化妝棉吸飽鹽水。

3
將裁好的小塊化妝棉泡進鹽水。

4
將硬幣、化妝棉、鋁箔紙交替疊 10 層。

用「一元硬幣、鹽水化妝棉、鋁箔紙」的順序排列。

5

把銅板電池連接 LED，看看會不會亮？

將最上面的一元硬幣與 LED 長腳接在一起，最下面的鋁箔紙與 LED 的短腳接在一起，你就會發現 LED 會有一點點亮起來喔！

貼心叮嚀 在堆疊的過程中，要小心讓各層間確實疊好，銅板電池才能順利發電，讓 LED 亮起來。

延伸探索

我們的實驗用的是一元硬幣，大家要不要試試用五元、十元，甚至是五十元的硬幣，看看會不會有一樣的效果呢？又或者是把食鹽水換成糖水，還能發電嗎？

15

磁力與動能　能量傳遞

高速磁球列車

👆 生活情境

上禮拜到朋友家玩，看到朋友有一組電動小火車，組合好之後跑起來可是炫呆了！其實，只要用簡單的鋼珠，就可以做成一節又一節的高速列車了。

✎ 實驗說明

原本靜止的物體，受到移動的物體碰撞後，會接受移動物體的動能而讓自己也動起來。磁球列車除了可以將碰撞時的能量轉移到下一個鋼珠上，更可以利用磁力讓列車繼續加速，撞擊下一節列車。累積數次碰撞後，就可以看到我們的列車會跑得更快喔！

🔍 實驗器材

珍珠奶茶粗吸管、剪刀、磁性鋼珠、普通鋼珠。

 貼心叮嚀　先買磁性鋼珠，再依磁性鋼珠的大小，買差不多大的普通鋼珠，本實驗彩色鋼珠是帶有磁性的鋼珠，其他則為普通鋼珠。

1
用剪刀將珍珠奶茶粗吸管「剖」成兩半。

2
一個磁性鋼珠後面接上兩個普通鋼珠，依序放三組。

3
再用兩個磁性鋼珠，慢慢靠近前面擺好的磁性鋼珠。

你會發現第一節被吸上去的瞬間，第二、第三節都動起來了！

69

16

看見磁力線

磁鐵開花

👆 生活情境

生活中常常可以看到很多地方都有磁鐵，有吸在冰箱上的磁鐵、有包包扣子上的磁鐵、就連鉛筆盒上都有磁鐵。磁鐵的磁力有的大、有的小，但是磁力又看不到，想要看看磁力「長」什麼樣子，要怎麼做才好呢？

↘ 實驗說明

磁鐵產生的力量大小可以用磁場來形容。靠近磁極的地方磁場比較大，隨著距離磁極越來越遠，磁力也會變小，而靠近另一個磁極時磁場又會再次變大。課本上我們常畫「磁力線」來代表磁場，磁力線的方向代表磁場方向，而磁力線越密的地方表示磁場越強。可是如何在我們真實的世界裡看見磁力線呢？這個實驗就可以讓小朋友看到磁力線的樣子喔！

🔍 實驗器材

彩色包膠鐵絲、
剪刀、強力磁鐵。

1
用剪刀將彩色包膠鐵絲剪成一段一段。

貼心叮嚀

- 有些包膠鐵絲剪短時,外層包膠會脫落,尤其是金屬亮面顏色的更常見。這個實驗在購買材料時要特別注意。
- 很多小朋友看到包膠鐵絲剪短後很漂亮,會用手去一把抓起來。大家要特別注意,這樣做很可能讓手被鐵絲刺到,千萬不可以這樣做喔!

2
用強力磁鐵吸吸看包膠鐵絲。

用磁鐵兩個磁極的方向,接觸剪好的包膠鐵絲,就會看到包膠鐵絲像一朵花的樣子了。

 延 伸 探 索

磁鐵的形狀很多,有馬蹄形、長方形、圓柱形,還有球形,不同形狀磁鐵的磁力線都有一個共同的特徵,就是兩極比較密,而且兩極的磁力線還會互相連結在一起,小朋友可以用不同形狀的磁鐵,試試看會不會有不同形狀的磁鐵花喔!

17 超簡易馬達

👆 生活情境

生活中隨處可見馬達，電風扇裡面有馬達，你的電動玩具車裡面也有馬達。你知道馬達是怎麼製作出來的嗎？其實它的原理很簡單，你甚至可以自己製作喔！

✎ 實驗說明

如果大家看過一般馬達的內部構造，會發現馬達的內部有許多一圈一圈的線圈，這些線圈通電後會產生磁場，配合馬達內的磁鐵就可以讓馬達轉動。我們的超簡易馬達也是這樣的原理，電流通過金屬線後產生磁場，與磁鐵產生交互作用後就轉起來了。

🔍 實驗器材

電池、圓柱形強力磁鐵、金屬線（漆包線、銅線等）。

孩子的科學遊戲

1
配合電池的大小，將金屬線折成圖中形狀。

2
將強力磁鐵吸在電池的底部。

貼心叮嚀 如果小朋友們使用的不是銅線而是漆包線的話，記得把漆包線跟電池與磁鐵接觸部分的漆，先用砂紙磨掉！

3
折線如圖組合到電池，看馬達會不會轉動？

貼心叮嚀 金屬線與強力磁鐵需要確實接觸，但又不可以夾得太緊喔！

金屬線上面尖端要碰觸到正極，讓線的另一端與強力磁鐵接觸，超簡易馬達就完成了。

延 伸 探 索

完成我們的超簡易馬達後，大家不妨試試看把吸在電池上的磁鐵方向相反，或是把折金屬線的方向顛倒，看看會不會有不同的效果。另外，這個實驗不可以使用鐵絲，如果你想知道為什麼，試試看就知道囉！

18 磁浮筆架

磁鐵特性

三力平衡

生活情境

在電視上看到魔術師把人漂浮在半空中,雖然知道這不太可能是真的,但是在魔術表演的過程中,還是會被它深深的吸引。魔術除了機關、道具和手法,科學的原理也可以拿來做表演喔!

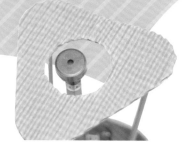

實驗說明

磁鐵有一個大家都知道的特性,就是「同性相斥、異性相吸」。把三個磁鐵排成三角形,中間的地方再放入第四個磁鐵,從三個方向來對中間的磁鐵作用,就可以讓中間的磁鐵保持平衡。這個實驗就要利用這個原理,來製作一個有趣的磁浮筆架。

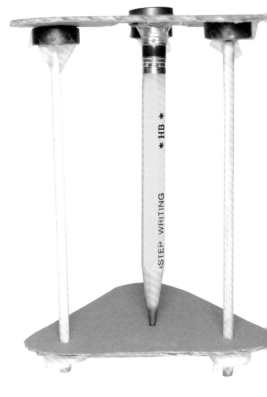

74

🔍 實驗器材

鉛筆、圓形磁鐵 4 個、竹籤（或竹筷、吸管）3 支、
瓦楞紙（可使用厚紙卡）、美工刀、剪刀、白膠。

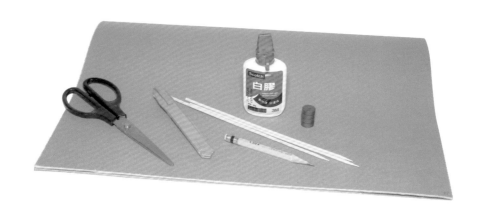

▶ 實驗步驟

1
將 3 支竹籤切
成跟準備好的
筆一樣長。

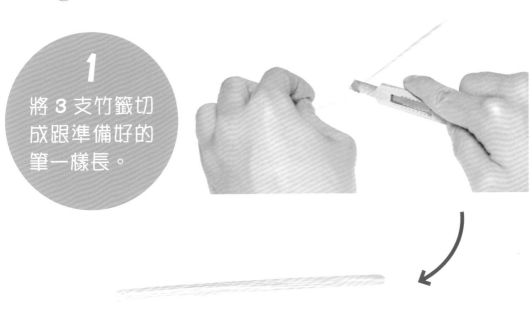

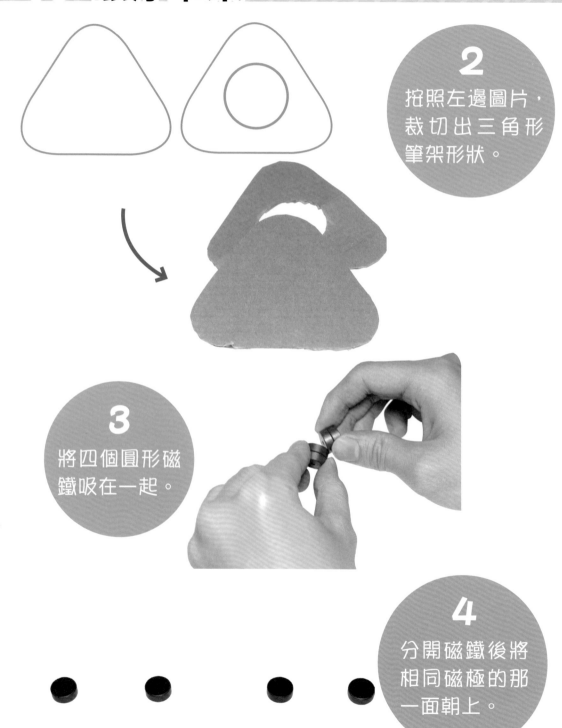

2

按照左邊圖片，裁切出三角形筆架形狀。

3

將四個圓形磁鐵吸在一起。

4

分開磁鐵後將相同磁極的那一面朝上。

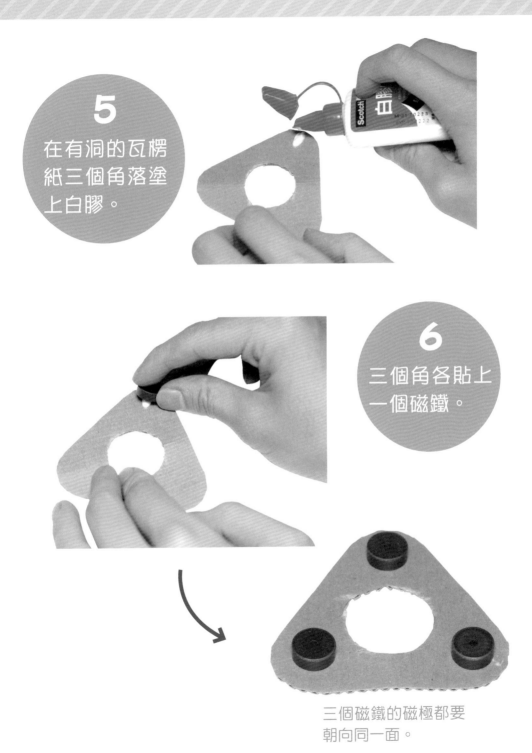

5
在有洞的瓦楞紙三個角落塗上白膠。

6
三個角各貼上一個磁鐵。

三個磁鐵的磁極都要朝向同一面。

18 磁浮筆架

7
用鉛筆在另一片瓦楞紙中間戳出小洞。

8
用白膠將竹籤跟兩片瓦楞紙做固定。

9
將另一個磁鐵黏貼在鉛筆的頂端。

所有磁鐵朝上的那一面，磁極都要相同。

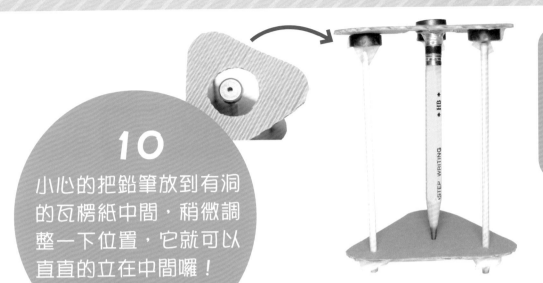

10

小心的把鉛筆放到有洞的瓦楞紙中間，稍微調整一下位置，它就可以直直的立在中間囉！

如果白膠黏的不夠牢，也可以再用雙面膠補強。

延伸探索

大家常常覺得左右兩邊有力量向內擠，只要力量一樣大就可以平衡，但是這樣的平衡很不穩定，只要有一點點偏差或擾動，平衡就會被破壞掉。在我們磁浮筆架的實驗中，試試看在鉛筆平衡後，輕輕的用手指去推它，它還是可以保持平衡。

兩個磁鐵擠中間的磁鐵

初狀態

末狀態

三個磁鐵擠中間的磁鐵

19

看得見的磁力線

👉 生活情境

對大部分的小朋友來說，磁鐵是再熟悉不過了。可以用它來吸冰箱門、吸迴紋針，如果有兩個磁鐵，還可以利用它同性相斥、異性相吸的特性來做遊戲。

↘ 實驗說明

磁鐵有 N 極（北極）與 S 極（南極），相同的兩個極性會互相排斥、不同的兩個極性會互相吸引。但仔細觀察，不止是同性與異性的方向，把兩個磁鐵用任意的方向接近時，都可以感覺到彼此間有大大小小相吸或相斥的力量產生。如果你好奇磁鐵間的力量，是怎樣隨磁鐵擺放而改變的話，這個實驗就相當適合你！想了解磁鐵力量的大小，我們可以用鐵粉讓磁鐵吸引，經由鐵粉的形狀看出磁力線的分佈，也進一步了解磁力的大小變化喔！

🔍 實驗器材

有蓋的小瓶子、沙拉油、鐵粉（化工材料行買得到）、
漏斗、磁鐵（強力磁鐵最好）。

▶ 實驗步驟

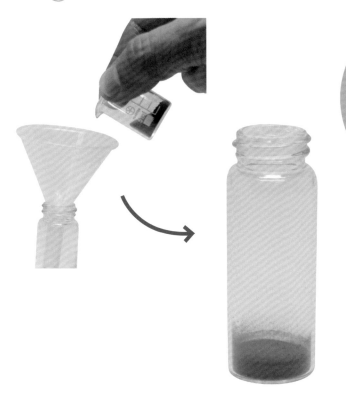

1
將漏斗插到小
瓶子，把鐵粉
倒入瓶中。

19 看得見的磁力線

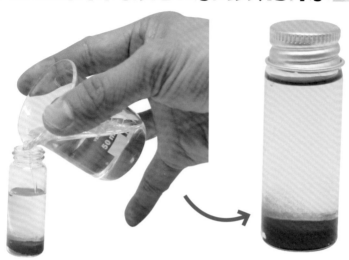

2

把沙拉油倒到
小瓶子中。

差不多倒滿就好，
再將蓋子蓋上。

3

將磁鐵靠近小
瓶子外，觀察
鐵粉的變化。

瓶子內的鐵粉被磁鐵吸引，可以看到鐵粉變成尖尖的樣
子，這些鐵粉的形狀，代表的就是磁鐵的磁力線。不論
是 N 極或是 S 極，磁力線的樣子都是向外擴散的。

貼心叮嚀　因為強力磁鐵的磁力真的很大，如果實驗中用
的是強力磁鐵的話，一不小心兩個強力磁鐵很
可能會「很用力」的吸在一起，不止兩個磁鐵
可能會因為很大力相撞而破掉，還有可能在磁
鐵相吸時夾傷手指頭。小朋友一定要特別小心。

4

將兩個磁鐵不一樣的磁極相對。

5

分別吸在瓶子的兩邊。

6

我們也可以把兩個磁鐵吸成像圖中的樣子。

這時候你就會看到,瓶子裡的鐵粉被吸起來,這就是兩個磁鐵所形成磁力線的樣子。

看看鐵粉會變成什麼形狀。注意,對著瓶子的兩個磁極也是不一樣的喔!

貼心叮嚀　很多小朋友拿到磁鐵,又拿到鐵粉的時候,常常會用磁鐵直接去吸引鐵粉。如果這樣做的話,吸附到磁鐵上的鐵粉會非常難清理乾淨,弄也弄不掉喔!

延 伸 探 索

大家一定會發現,靠近磁極的地方,磁力線的分佈都是比較密的。磁力線分佈越密的地方,代表這個地方的磁場越強,吸引或排斥的力量也會越大。如果可以找到更大的玻璃瓶,倒入更多的鐵粉,同時也使用更多的磁鐵,將各個磁鐵用不同的磁極方向來吸引鐵粉,你會發現,磁鐵磁場的變化是非常有趣的喔!

20

電流急急棒

👆 生活情境

媽媽在縫衣服的時候，花了很多時間把縫衣
服的線穿到針裡面，這個工作非常需要手的
穩定。如果能夠有一個科學實驗，可以
讓全家人一起做遊戲，同時又能訓練
手的穩定的話就太好了。

↘ 實驗說明

大家常常用的電池所提供的電流
屬於直流電。科學家們定義電流的方向，
是從電池的正極流到負極。電流可以
在導電的物體（也就是導體）上流動。
也就是說，只要把電池的正極跟負極中間，用各種導體跟電線連結起來，
就可以讓電流流動，提供能量了。電流急急棒遊戲在進行時，只要急急棒
跟軌道鐵絲不小心接觸，電池的正、負兩極形成通路，蜂鳴器就會叫起
來，大家就知道你的手不夠穩定囉！

🔍 實驗器材

鐵絲（不能太細、太軟）、厚保麗龍、鱷齒夾電線3條、電池、電池盒、蜂鳴器、尖嘴鉗。

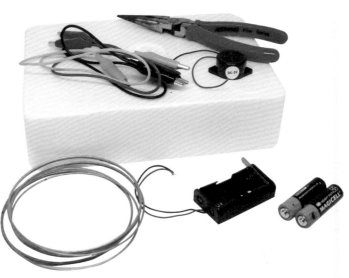

▶ 實驗步驟

1
用尖嘴鉗剪下一段鐵絲。

依照準備要做的電流急急棒軌道大小，剪下需要的長度。

2
小心的將鐵絲折成喜歡的形狀。

20 電流急急棒

貼心叮嚀

為了避免讓電流急急棒軌道變得太複雜，折鐵絲的時候，盡量在一個平面上折鐵絲。也就是說，折好之後的軌道，最好是可以平放在桌面上的。

3

將折好的鐵絲插在厚保麗龍上。

4

用尖嘴鉗再剪下一段較短的鐵絲。

5

小心用尖嘴鉗把鐵絲的一端折成一圈。

6

留下一個小缺口，這就是我們的急急棒。

7

把電池裝進電池盒。

8

電池盒的一端夾上鱷齒夾電線。

9

鱷齒夾電線一頭，夾在保麗龍軌道上。

10

電池盒另一端電線，也夾上鱷齒夾電線。

11

這條鱷齒夾電線，夾在蜂鳴器一端。

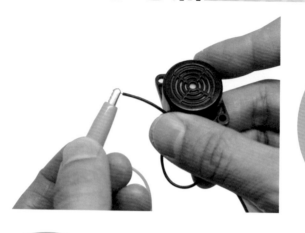

12

蜂鳴器另一端，夾上另一條鱷齒夾電線。

13

這條鱷齒夾電線另一端，夾在急急棒上。

14

整個線路看起來是這樣子。

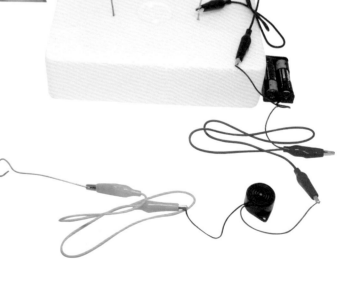

15

把急急棒勾到軌道，從起點移到終點。

16

如果急急棒接觸到了軌道，蜂鳴器就會叫起來。

延伸探索

不論是電池（直流電）或是插頭（交流電），都需要讓電池或插頭的兩端形成通路，才可以讓電流流動產生能量。小朋友們可以用電池盒的兩條電線，連接在小馬達、小電燈泡試試看，你會發現所有的電路，都需要形成通路才可以運作喔！

用 COCOAR2 掃描本頁，就能觀賞
「科展秘笈」系列影片。

化學的科學遊戲

21 天氣花園

空氣的濕度

水的蒸散

👆 生活情境

梅雨季節來臨時，感覺衣服都不會乾，地板濕濕黏黏，棉被也變得重重的，爸爸說因為最近天氣多雨所以才會潮濕。原來濕度會影響我們的生活這麼多，那要怎麼樣才能知道家裡溼度高不高呢？

↘ 實驗說明

我們呼吸的空氣其實是一種混合物，裡面包含了水蒸氣。水蒸氣的多寡，影響到空氣的乾溼程度，這就是我們常聽到的溼度。而氯化亞鈷這種物質，它的顏色會隨著空氣溼度而改變，空氣乾燥時呈現藍色，潮溼時則會變成紅色。所以我們只要看看使用氯化亞鈷所畫出來的天氣花園，就可以知道今天的溼度高不高囉！

實驗器材

氯化亞鈷粉末（化工材料行可以買到）、小杯子、竹筷、圖畫紙、色筆、水彩筆。

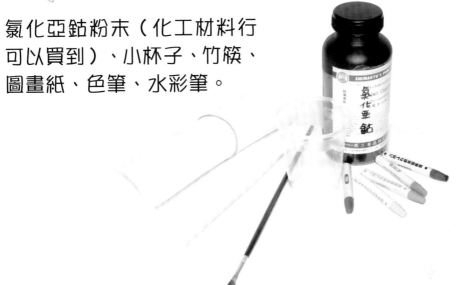

實驗步驟

1

在圖畫紙上發揮創意，畫出可愛的花朵。

2

留下花朵想變色的部分不要塗。

93

21 天氣花園

3
將氯化亞鈷粉末倒入水杯中。

4
用竹筷攪拌均勻。

請對照本圖中溶液的顏色，確認濃度是否足夠。

貼心叮嚀 在調配氯化亞鈷溶液時，小心不要吸入或是誤食。還有如果氯化亞鈷濃度不夠的話，畫到紙上可能會看不出顏色喔！

5
用水彩筆沾氯化亞鈷溶液著色。

在圖畫紙上將想要變顏色的部分塗滿。

6

放在通風處晾乾。

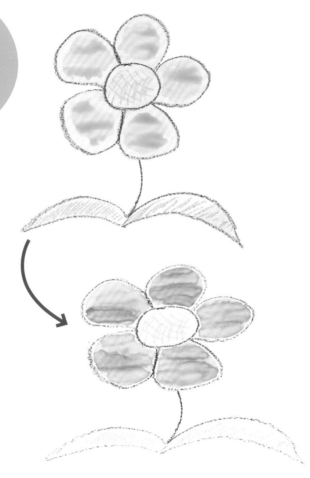

7

圖畫紙變乾過程中,就可以看到顏色改變。

如果想要快點看到變化,也可以用吹風機吹乾喔!

 延 伸 探 索

氯化亞鈷溶液的調配很容易,可以讓我們做出會變紅色又變藍色的顏料。在調配氯化亞鈷溶液時,如果加入更多的氯化亞鈷粉末,會不會讓紅、藍兩種顏色變得更明顯,變色變得更快呢?大家可以試試看。

22 自製暖暖包

化學能與熱能

👍 生活情境

在寒流來襲的冬天，除了添加帽子、手套、圍巾外，還可以用暖暖包來保暖。打開暖暖包，搓一搓之後就可以發熱了。到底暖暖包裡面包的是什麼東西？為什麼暖暖包搓一搓就會變熱？今天我們就來自己做做看暖暖包。

✎ 實驗說明

其實，拋棄式暖暖包的發熱原理，跟平常看到鐵生鏽的化學反應是一樣的！很不可思議吧？鐵生鏽時其實會放出熱量，只是因為時間很長的關係，我們不容易察覺到。而暖暖包加了食鹽、活性碳等物質來輔助反應的進行，讓我們可以很快感受到暖暖包所發出來的溫暖。

🔍 實驗器材

鐵粉、茶包袋、活性碳、
食鹽、匙子、舊襪子、
溫度計。

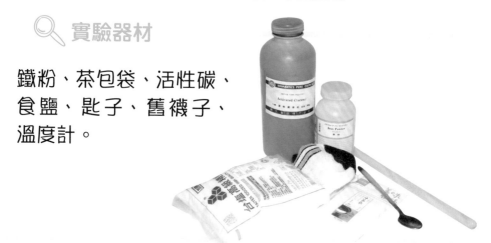

1

鐵粉 4 匙、食鹽 2 匙、活性碳 2 匙加入茶包袋。

2

用匙子慢慢加入一點水，最多 2 匙。

貼心叮嚀

鐵粉、活性碳都是不可食用的，實驗進行時要注意不要誤食喔！

3

放入舊襪子當中以免鐵粉與鹽撒出來。

4

輕輕的搓揉，感受一下溫度有沒有升高？

放入襪子防止直接接觸皮膚造成燙傷。

延伸探索

雖然我們用的鐵粉、食鹽、活性碳可以讓暖暖包發熱，但是暖暖包的溫度不是越高越好，溫度太高的話也會讓人燙傷。如果小朋友只是想要做實驗的話，不妨調整鐵粉、食鹽、活性碳間的比例，看看溫度會有什麼樣的變化，但是一定要注意不要燙到喔！

23
肥皂動力船

表面張力

生活情境

小朋友用色紙折了紙船放到水裡面玩，不論是在旁邊拍動水面造成波浪，或是用嘴巴在旁邊吹風，都沒有辦法讓紙船很順利的前進。這時候媽媽拿了一片小小的透明塑膠片，一放到水裡馬上就向前衝了起來。媽媽是怎麼做到的呢？

實驗說明

水具有表面張力，表面張力是一種讓水收縮的力量。滴在桌上的水會聚集在一起，裝滿水的杯子再多倒入一點點水，杯口的水會凸起來，這些都是表面張力造成的現象。但是洗手乳裡面的界面活性劑會破壞水的表面張力，如果在塑膠片的一邊塗上洗手乳，放到水裡後，這一邊的表面張力被破壞而失去收縮的力量，塑膠片就會被另一邊的表面張力吸引，往這個方向前進了。

實驗器材

塑膠片（透明塑膠投影片、L夾、餅乾塑膠盒皆可）、剪刀、奇異筆、洗手乳、水槽。

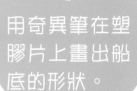

1

用奇異筆在塑膠片上畫出船底的形狀。

2

再用剪刀把畫好的形狀剪下來。

3

擠出一點點洗手乳，塗在船尾的位置。

4

塑膠片船輕輕放到水中，船就會往前跑了。

延伸探索

用洗手乳破壞表面張力的原理還可以做其他的遊戲。小朋友們可以試試看，在水面撒上胡椒粉，用手沾洗手乳後在胡椒的中間點一下，看看胡椒粉會有什麼變化喔！

24 隱形滅火器

小蘇打粉
成分

二氧化碳
作用

生活情境

早上在學校老師帶著我們一起做消防演練，只看見消防隊的叔叔拿起一個滅火器，迅速的拉起插銷後按下開關，管子馬上就噴出白色粉末把熊熊火焰熄滅了。其實在家裡，用廚房裡常看見的物品就能做出隱形的滅火器喔！

實驗說明

小蘇打粉的學名為碳酸氫鈉，碳酸氫鈉遇到酸性物質或是受熱時，會產生二氧化碳。利用二氧化碳的密度比空氣大且不可燃的性質，即可達到滅火的作用。

實驗器材

衛生紙、蠟燭、
打火機、燒杯、
小蘇打粉、醋。

孩子的科學遊戲

1 將少許小蘇打粉倒入燒杯中。

2 請爸爸媽媽用打火機將蠟燭點燃。

為了避免蠟燭倒掉。請把蠟燭插到可以固定的台座上。

3 將醋倒入燒杯中，小蘇打粉會開始冒泡泡。

4 杯口慢慢靠近燭火，傾斜杯子，觀察火焰熄滅。

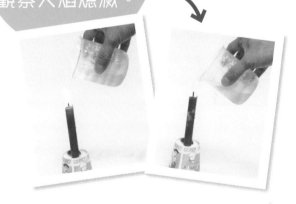

如果真的泡泡多到滿出來，就用準備好的衛生紙擦掉。

延 伸 探 索

在這個實驗裡，我們利用醋加上小蘇打粉產生的二氧化碳來滅火。在實驗的反應停止後，如果想要繼續讓它產生二氧化碳泡泡，我們應該再加入小蘇打粉還是醋呢？大家可以自己試試看。

25
神奇漂白水

化學反應

生活情境

平常在戶外玩耍時，回到家裡總是會把一身衣服弄得髒兮兮的，這時面對衣服上頑強的髒污，媽媽總是會拿出漂白水來處理。你知道嗎？漂白水不只可以拿來清潔衣服，還可以用來畫畫喔！

實驗說明

漂白劑能夠透過氧化還原反應，將有色分子變成無色分子，進而達到漂白衣物的效果。

實驗器材

漂白水、水彩筆、杯子、黑布、手套。

孩子的科學遊戲

1 戴上手套，在杯子裡倒入漂白水。

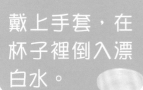

2 用水彩筆沾一些漂白水。

3 在黑布上用漂白水寫字或畫圖。

4 黑布的顏色就會漸漸改變了！

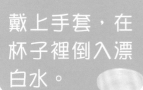

延 伸 探 索

完成實驗後，大家是不是了解漂白水對衣服的影響了呢？不只是衣服，小朋友也可以實驗看看，如果把漂白水加到可樂裡面的話，會發生什麼事呢？還有要注意，實驗完之後，加了漂白水的可樂絕對不可以喝喔！

26
葉子書籤

標本製作

植物觀察

👆 生活情境

鄉下老家的大門外，有一棵充滿我們全家人回憶的大樹。每次看到它，就會想起許多小時候有趣的事情。這次返鄉時我摘了一片葉子，準備把它做成書籤，悄悄夾在最愛的書頁裡。下次翻開書本時，又可以好好回憶往日的點滴。

↘ 實驗說明

葉子上面看起來一條一條的稱為葉脈，它是由輸送水分和輸送養分的細胞所組成的。由於葉片的葉脈和葉肉抵抗化學物質腐蝕的程度不同，我們利用鹼性的氫氧化鈉去除掉葉肉的部分，就可以做出漂亮的葉子書籤了。

🔍 實驗器材

葉子、氫氧化鈉、橡膠手套、鍋子與瓦斯爐（或是燒杯與酒精燈組）、鑷子、舊牙刷、化妝棉（或報紙）、盤子、秤子、筷子。

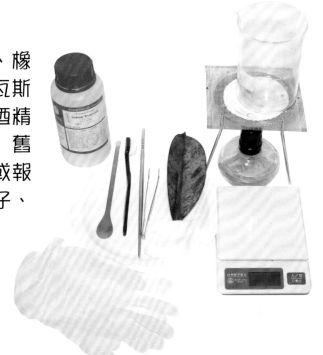

▶️ 實驗步驟

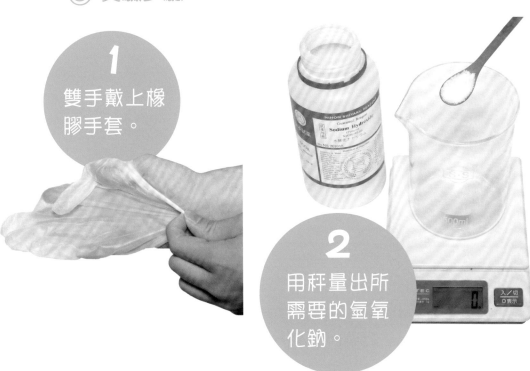

1 雙手戴上橡膠手套。

2 用秤量出所需要的氫氧化鈉。

3

量出 5 公克的氫氧化鈉。

4

繼續倒入 100 毫升的水。

5

氫氧化鈉與水，加起來大約是 105 公克。

貼心叮嚀

氫氧化鈉屬於強鹼，小心不要碰到衣服和身體，如果碰到了要趕快用水洗乾淨。

7
用筷子輕輕攪動，直到葉片變軟。

6
將葉片放入溶液加熱。

8
用鑷子夾出葉片。

9
用水把氫氧化鈉洗掉。

107

26 葉子書籤

10
將清洗過葉子,
放進盛有清水
盤子。

11
用牙刷沾水,
輕輕刷過葉子
表面。

12
放在報紙或化
妝棉中夾平,
並吸乾水份。

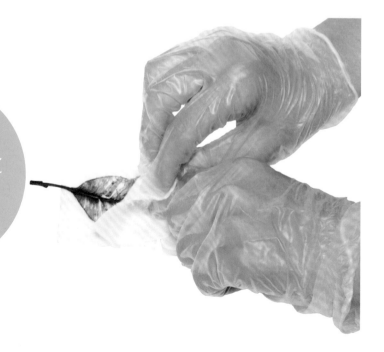

13 等到水份都乾掉，美麗的葉子書籤就完成了。

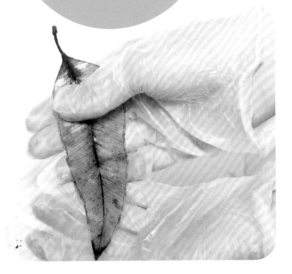

延伸探索

氫氧化鈉是具有腐蝕性的鹼性物質，使用時務必要格外的小心。如果做變色晚餐的紫甘藍水還有剩下的話，不妨試試看在其中加入氫氧化鈉，看看會變成什麼顏色喔！

27 牛奶變膠水

神奇
酪蛋白

黏力的
秘密

👆 生活情境

這次的暑假,老師要我們用剪貼的方式來做暑假作業。當我收集好所有
內容,準備要貼上剪貼簿的時候,忽然發現家裡沒有膠水了。有沒有辦
法可以自己做出膠水呢?這個實驗要教大家,
用我們常常喝的牛奶,也可以做出膠水喔!

🔽 實驗說明

利用醋的酸性,可以從牛奶中析出酪蛋白。接著在過濾取出的酪蛋白中,
加入鹼性的小蘇打粉,就可以以讓酪蛋白變回中性,同時產生黏性。等酪
蛋白裡面的水分蒸發乾後,酪蛋白就可以拿來黏東西喔!

🔍 實驗器材

脫脂牛奶、醋、廣用試紙、杯子
2 個、玻璃棒、濾網、化妝棉、
紙卡(試驗成品黏度,
可用其他東西代替)。

1

將醋與脫脂牛奶以 1:4 的比例混合。

2

用玻璃棒充分攪拌。

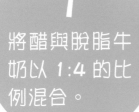

3

利用過濾網將牛奶中白色棉絮狀物體分開。

27 牛奶變膠水

4
用化妝棉輕輕
將濾網內水份
吸掉。

5
把它倒到另一
個杯子裡。

貼心叮嚀　水份盡量吸乾，效果
會更好喔！

6
加入適量的小蘇
打粉，用玻璃棒攪
拌均勻，牛奶膠水
就完成了。

實驗中的每個步驟，都可以用廣
用試紙來測試它的酸鹼性。而最
後完成的牛奶膠水會是中性。

7

把紙卡剪成適當大小。

8

把我們做的牛奶膠水塗在紙卡上，跟其他紙卡相黏。

9

過一會兒，你就會發現它們分不開了。

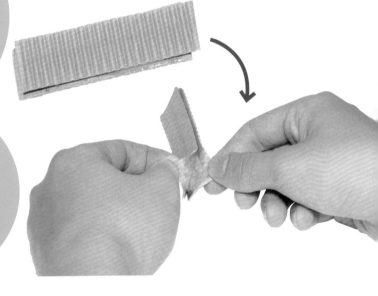

延 伸 探 索

如果用脫脂牛奶可以做出牛奶膠水，那大家要不要試試看全脂牛奶、羊奶或是其他奶類飲品，是不是也可以做出膠水呢？還有，大家想一下起司DIY實驗，是不是有幾分相似呢？

28

牛奶放煙火

👆生活情境

想要看煙火，好像一定要等到特別的節日才有機會。如果能夠在家中想要看煙火的時候，就能夠隨時欣賞到煙火燦爛的色彩變化就好了。偷偷告訴你，煙火繽紛的色彩變化，
其實用牛奶就可以看到喔！

✒ 實驗說明

我們喝的牛奶中除了含有水，
還有人們所需要的各種營養。如果
把洗碗精加入牛奶中，因為洗碗精跟
牛奶會產生化學變化，過程中就形成了像是對流的效
果。再加上洗碗精破壞了它的表面張力，就會讓我們
加進去的食用色素，像煙火一樣發散囉！

114

實驗器材

全脂牛奶、洗碗精、
食用色素、棉花棒、
紙盤、小碟子。

實驗步驟

1
在紙盤中倒入
全脂牛奶，不
需太深。

2
在中間滴入各
種顏色的食用
色素。

28 牛奶放煙火

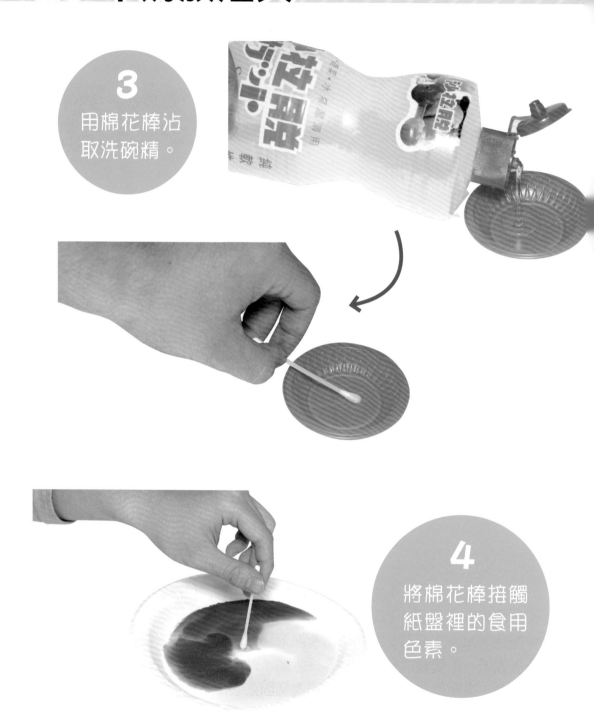

3 用棉花棒沾取洗碗精。

4 將棉花棒接觸紙盤裡的食用色素。

7
就可以欣賞到
一場牛奶中的
煙火秀了。

延 伸 探 索

完成實驗後,可以把實驗中的全脂牛奶,換成是低脂牛奶,或者是直接換成水,看看會不會有不同的效果。另外,這個實驗跟本書中的「肥皂動力船」,有部分的原理是接近的,你知道是什麼原理嗎?小朋友和爸爸媽媽一起想想看喔!

用 COCOAR2 掃描本頁，就能觀賞「科展秘笈」系列影片。

光學與熱學的科學遊戲

29
我變色盲了

色光的反射

生活情境

同學們到家裡來玩，我們拿了一包彩色的卡片，正準備要把它們依照喜歡的顏色做排列。但家裡電燈泡的光線有點黃黃的，讓我們有點沒辦法清楚分辨白色色紙跟淺黃色色紙，這樣的現象讓我們想到了一個新的遊戲。

實驗說明

生活中常見的光線都是接近白光，而在光學的世界裡，白光又是紅、綠、藍三種顏色的光所組成。我們在白光的環境裡看到紅色色紙是紅色，是因為紅紙吸收了白光中的綠、藍兩種顏色，反射了白光中的紅色到我們的眼睛裡，所以我們看到紅紙就是紅色的。但如果我們把紅紙放在藍色光線的環境裡，藍光裡面並沒有紅色的成分，沒有紅光可以讓紅紙反射，紅紙也沒有辦法反射藍光，這時候，紅紙看起來就跟黑色沒有兩樣了。

 實驗器材

手電筒、各種顏色玻璃紙、橡皮筋、各種顏色 A4 淺色色紙、白色信封袋、黑色簽字筆。

貼心叮嚀

信封袋的數量 = 色紙顏色 × 參賽人數

▶ 實驗步驟

1

將 A4 淺色色紙，裁成 8 張卡片的大小。

有多少人要一起玩，就要各寫幾個信封袋。色紙有粉紅、粉黃、粉藍 3 種顏色，有 4 個人一起玩的話，粉紅、粉黃、粉藍就要各寫 4 個信封袋。

2

在白色的信封袋上寫上色紙的顏色。

29 我變色盲了

3
把所有顏色紙卡混在一起。

白色紙卡如果有剩下也可以一起混進來。

4
將不同顏色的玻璃紙剪下。

5
罩住手電筒後用橡皮筋固定。

貼心叮嚀

有些玻璃紙的顏色會比較淡，可以把玻璃紙折成兩層或三層後，再罩到手電筒上。

6
把手電筒跟色紙帶到一個沒有燈光的房間。

一起比賽的人都一起進來，把門、窗、窗簾全都關起來，把顏色紙卡散在房間地上或桌上，再把電燈關掉。

7

依序打開不同顏色手電筒，大家找色紙放入信封。

打開紅色光線的手電筒，所有參賽者要在紅光的環境裡面，找到每個信封袋上指定顏色的紙卡，把它放到自己的信封袋裡。用不同手電筒重複這個步驟。

8

把電燈打開，看看大家有沒有辨識成功？

看看每個人信封袋上面寫的顏色，跟裡面找的色卡一不一樣。有一張顏色正確的加一分，有一張錯誤的扣一分，看看誰的分數最高。

延伸探索

這個遊戲大家會體驗到一個光學原理，就是光源的顏色會影響我們看到物體的顏色。在遊戲進行了幾局之後，除了靠運氣亂猜猜對之外，大家也要試著想想看，哪些顏色的色卡在怎樣的光線照射下會讓人分不出來。如果在關燈打開手電筒後，答案跟你想的一樣的話，那你就成為一個色光達人囉！

30 彩色影子

色彩與光

光的直進性

👆 生活情境

白天的時候站在陽光下，地上就會出現我們的影子，通常影子的顏色也都是黑色的。在這個實驗裡，我們要讓大家看看，怎麼樣讓原本都是黑色的影子，變出許多不同的色彩喔！

✍ 實驗說明

光線在一般情況下都是直線前進的，如果光線照射的地方，有不透明的東西把光線遮住，就會有影子產生。如果我們使用很多個光源，而這些光源所產生的光線又是不同的顏色，那每個不同位置的光源照射後，在不同的地方產生影子，中間重疊的部分就會產生彩色的影子喔！

🔍 實驗器材

手電筒數支、不同顏色玻璃紙、橡皮筋、西卡紙。

貼心叮嚀 手電筒至少要有 2 支以上，而且亮度最好差不多，如果只用同一支手電筒，再換上不同顏色玻璃紙的話，那實驗效果會變差喔！

▶ 實驗步驟

1
在西卡紙上畫出想要變出彩色影子的樣子。

可以是一些常見的形狀，也可以是字母。

30 彩色影子

2

畫好後將它剪下來，可以留下折腳。

留下折角可以讓它變成能站立的圖卡。

3

將不同顏色的玻璃紙剪下。

4

罩住手電筒後用橡皮筋固定。

貼心叮嚀 有些玻璃紙的顏色會比較淡，可以把玻璃紙折成兩層或三層後，再罩到手電筒上。

5

把燈關掉，用不同顏色的手電筒照準備好的圖卡。

6

變換不同顏色的手電筒，觀察各部分影子的顏色變化。

7

將手電筒的位置稍微改變，看看影子重疊的部分，顏色有什麼變化？

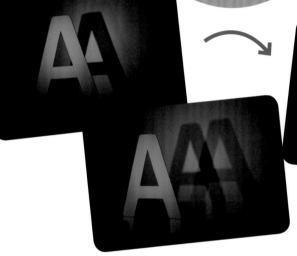

延 伸 探 索

小朋友們在玩過彩色影子之後，試著在打開手電筒前先猜猜看。如果左邊放的是紅色手電筒，右邊放的是藍色手電筒，對著厚紙照射後，會產生哪些顏色的影子呢？而這些顏色的影子，又會在圖卡的左邊還是右邊呢？打開手電筒後，如果結果跟你猜的答案是一樣的，那小朋友可以再挑戰一下，把各個手電筒的位置交換，看看能不能再猜到影子的顏色與順序喔！

31 神秘彩字卡

顏色穿透

色彩與光

生活情境

想要跟爸爸說聲我愛你，但又想要給爸爸一個特別的驚喜，這時候，就可以利用神秘彩色卡，把心中想說的話告訴爸爸囉！

實驗說明

我們可以用不同顏色的色筆在白紙上寫字畫畫。在光的世界裡，白光代表紅、綠、藍三種顏色光線的組合。而只有紅色的光線才能透過紅色的玻璃紙。因此透過紅色玻璃紙來看白紙的時候，存在於白色中的紅光會穿過紅色玻璃紙變成紅色，原本的紅色穿過玻璃紙也還是紅色，但白紙上的綠字、藍字、黑字因為都沒有紅色的成分，沒辦法穿過紅色玻璃紙，所以從玻璃紙的另一邊看起來，綠、藍、黑都會變成黑色的。利用這樣的關係，就可以讓有些字變不見囉！

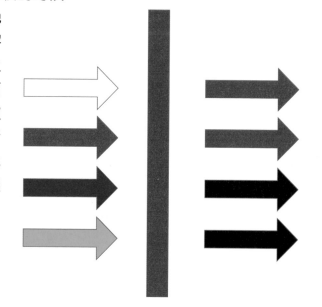

128

🔍 實驗器材

白色西卡紙、紅色與其他顏色的玻璃紙、美工刀
（也可以用剪刀代替）、
長尾夾（可以用釘書機
代替）。

▶ 實驗步驟

1

請下載本書
提供的範例
字卡。

IE
LHOEAVTE
YAOQU

範例下載：http://doctorx9000.com/5420/

2

用美工刀把西
卡紙裁成框框
的形狀。

31 神秘彩字卡

3 夾上紅色玻璃紙，做成圖中形狀。

4 做完紅色玻璃紙框框後，也可以做其他顏色的框框。

5 準備好本書的圖片範例。

IE
LHOEAVTE
YAOQU

6 將做好的紅色玻璃紙框框疊上去看看。

你看到出現什麼字？之後改變玻璃紙的顏色試試看，會出現什麼字？

貼心叮嚀 有些玻璃紙的顏色會比較淡，可以把玻璃紙折成兩層或三層後再使用。

延伸探索

在了解為什麼有些顏色的字會在紅色玻璃紙中出現，有些字會消失後，想想看，如果要用紅色與綠色，或是其他兩種顏色來做變色表白卡時，每個字母的顏色要怎樣組合，才能讓你說出你想要表達的意思呢？我們準備的圖片範例中，其實還隱藏了另一段話在裡面，要不要試著用不同顏色的玻璃紙把它找出來？

131

32 愛你心跳卡

生活情境

母親節又要到了，小朋友想要表達對媽媽的愛，所以想要自己做卡片送給媽媽，但是不知道要怎麼做才能運用到科學知識，同時讓媽媽感覺到驚喜。這時候，愛你心跳卡就派上用場囉！

實驗說明

卡通動畫是最常見的視覺暫留現象，圖片快速改變時，我們會覺得它的動作是連續的。愛你心跳卡塑膠片上透明的部分會讓底圖露出來，而拉動塑膠片時露出來的部分又會改變。這些輪流露出來的底圖快速改變的結果，就讓我們覺得它動起來囉！

🔍 實驗器材

厚紙板、剪刀、塑膠投影片。（這個實驗需要去一趟影印店喔！）

下載範例圖：http://doctorx9000.com/5420/

▶ 實驗步驟

1
到影印店，把黑白線條圖印在塑膠投影片上。

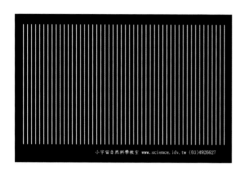

2
把愛心圖印在白色厚紙板上。

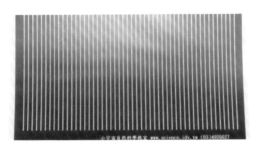

貼心叮嚀
印出來的大小可以依自己喜好做決定，差不多是 A5 大小最適當喔！

32 愛你心跳卡

3
用剪刀把厚紙板和塑膠投影片多餘部分剪掉。

4
把厚紙板照著上面的標線折好。

5
將塑膠投影片插進去就完成了。

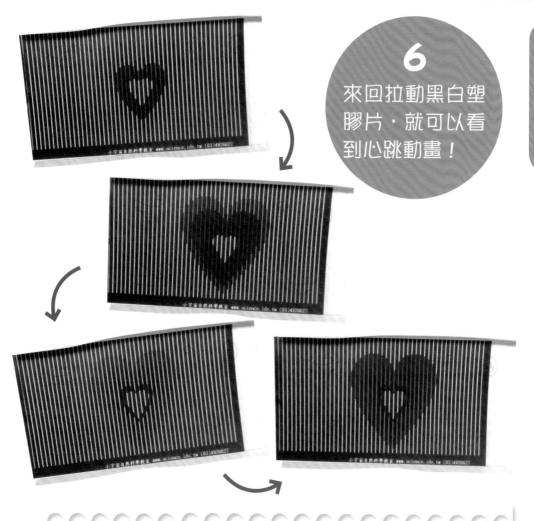

6
來回拉動黑白塑膠片，就可以看到心跳動畫！

延伸探索

大家如果仔細看，愛你心跳卡能夠表現出的動畫動作其實不多，仔細數數看，愛心的圖案會有幾種大小？再把塑膠投影片抽出來看看底圖，你就會發現這個實驗的秘密，說不定你也可以設計出你的動畫圖案喔！

33

光線會轉彎

👆生活情境

吃飯吃完要喝湯，小朋友發現把筷子放到湯裡的時候，看起來筷子好像會變成斷掉的樣子。老師曾經說過這是因為「折射」的關係。除了把筷子放到水裡面會有折射這個現象之外，還有沒有其他方式可以讓小朋友了解折射呢？

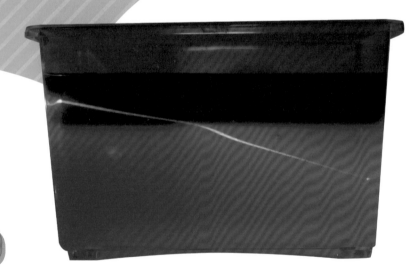

✎ 實驗說明

今天的實驗可以用有趣清楚的方式，讓小朋友看到光線折射的現象。大家都知道光速很快，光在真空中會用每秒鐘 300,000 公里的速率前進。但只要光線進入了空氣、玻璃、水這些透明的物質裡時，它前進的速率就會變慢。只要光線從兩種不同速率的環境（介質）傾斜射過去時，前進方向就會改變。

🔍 實驗器材

雷射筆、透明水槽、
食鹽、保鮮膜、奶粉
或牛奶、竹筷、
食用色素。

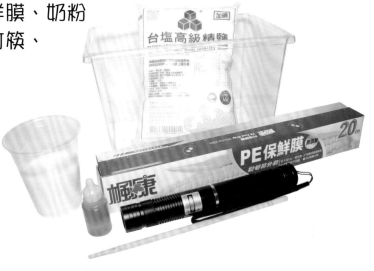

▷ 實驗步驟

1

在水槽中倒
入清水。

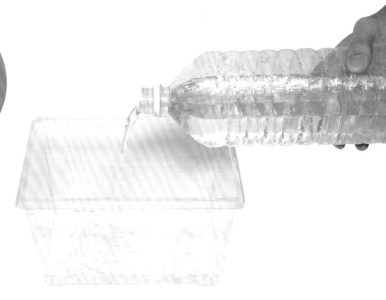

深度大約是水槽的 1/3 就好。

2

在水槽中持續加入食鹽後，用竹筷攪拌。

3

攪拌到食鹽開始沉澱，無法再溶解為止。

我們稱這時候的狀態為「飽和」。

4

水太透明不容易看出效果，我們可以幫它加入一點點顏色。

貼心叮嚀

加入奶粉或牛奶只是要讓水不要太透明，方便觀察而已，不要加到整盆水都變白色喔！

可以加入一點點奶粉，或是滴入一點點牛奶，再用竹筷攪拌。

5

在食鹽水上鋪上一層保鮮膜。

6

保鮮膜要能完全覆蓋食鹽水。

7

保鮮膜的邊邊要比水的邊緣再高一點。

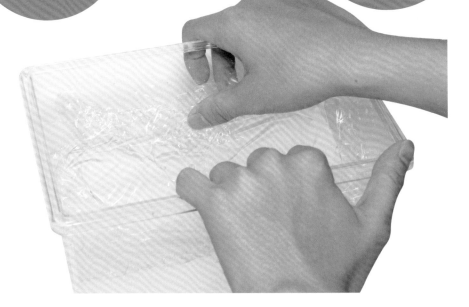

8

慢慢的把清水倒到保鮮膜上。

9

不要讓保鮮膜「垮掉」喔！

10
倒好上層清水後，加入一點食用色素。

這會讓等等的實驗看起來更漂亮。

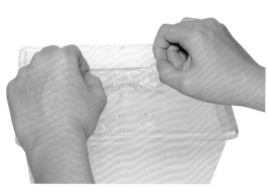

11
慢慢地將保鮮膜抽出來。

12
你會發現水已經變成兩層了！

13 用雷射筆從旁邊射入雷射光。

14 你就會看到雷射光轉彎了！

延伸探索

其實光線轉彎的方向，會跟光線在不同的環境中（也就是不同的介質，就像清水跟鹽水）前進的速率有關。

光線從快的介質進入到慢的介質時，會偏向與交界面垂直的法線方向。大家也可以試試看，如果雷射光從下層往上層射，光線又會往哪個方向轉彎呢？

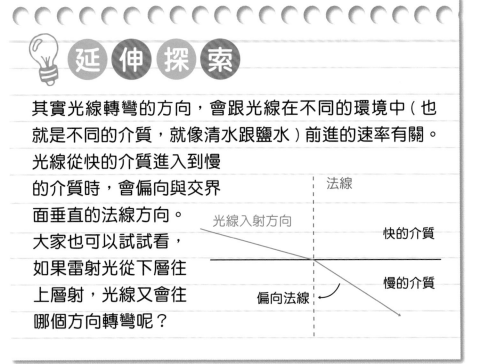

法線

光線入射方向

快的介質

慢的介質

偏向法線

34

消失的魔法瓶

👉 生活情境

哥哥前幾天跟弟弟一起畫圖，弟弟知道畫到香蕉時要用黃色，畫到蘋果時要用紅色，但是要畫到玻璃杯中的水時，卻不知道要用什麼顏色才好？哥哥才忽然想到，水是透明的，玻璃也是透明的，但我們卻可以看得出來哪裡有水、哪裡有玻璃，為什麼會這樣呢？

✎ 實驗說明

玻璃杯、空氣是透明的，為什麼我們可以看得到透明的玻璃杯，但卻看不到空氣？其中一個原因，就是因為光線在通過空氣時，以及通過玻璃杯時的速率不一樣，所以讓光線從空氣進入玻璃杯，或是從玻璃杯進入空氣時就會轉彎。光線在空氣與玻璃杯前進速率不一樣的這件事情，我們把它稱為「折射率」的不同。所以，如果我們可以找到折射率接近的兩個透明東西，那說不定就可以有隱形的效果囉！

🔍 實驗器材

大玻璃杯、小玻璃杯（小玻璃杯要可以完全放入大玻璃杯裡面）、沙拉油、夾子。

1
在大玻璃杯中倒入沙拉油。

等一下要把小玻璃杯整個放到沙拉油中，所以要注意沙拉油必需要足夠多到把小玻璃杯蓋滿，但也不能夠多到滿出來。

2
小心的將小玻璃杯放進沙拉油中。

3
沙拉油流到小玻璃杯中，小玻璃杯漸漸消失。

4
等到小玻璃杯裝滿沙拉油，我們就完全看不見它了。

🐝 延 伸 探 索

小玻璃杯可以隱形的原因，是因為玻璃的折射率跟沙拉油很接近，光線進出玻璃跟沙拉油時，不會有太多的折射產生。大家可以試試看，生活中有沒有其他的透明液體與固體，只要它們的折射率接近，也會有機會讓它隱形喔！

35
神奇穿牆術

光的偏振

生活情境

學校考試剛剛考完，老師說同學們明天可以帶一個小玩具到學校玩。雖然家裡面有很多玩具，不過有些又因為大家都有，帶到學校好像也不太有趣。如果有一個新奇、有趣、方便攜帶，同時又可以有一點小小科學知識的玩具就好了。

實驗說明

如果講到光線的方向，大家會想到的應該是光線從哪個方向照過來、往哪個方向照過去。但是事實上，光線本身就是一種

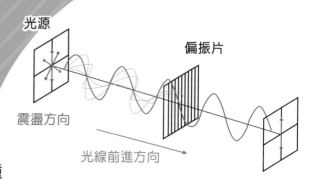

光源
偏振片
震盪方向
光線前進方向

電磁波，一道光線照過來，光線也會在與前進方向垂直的各個方向振盪，如果把某個方向的振盪「遮起來」，那光線的強度會減弱。偏振片就像百葉窗一樣，可以只讓固定方向振盪的光線通過。如果放兩片偏振片，改變兩片偏振片的方向，那麼，通過的光線也會跟著變多變少，兩片互相垂直時，看起來就會黑黑的囉！

實驗器材

透明壓克力管、偏振片、小彈珠。

1

將偏振片重疊，找到讓重疊處變黑的方向。

2

將第一片偏振片小心放入壓克力管中。

3

將第二片偏振片從另一端放進去。

4

偏振片重疊的部分變黑，看起來像是一片黑色的隔板。

5

把小彈珠丟進去，就像穿過隔板一樣！

注意，第二片偏振片的方向，必須是在步驟 1，與第一片偏振片疊起來時，重疊部分會變黑的方向。

延伸探索

光的偏振在生活中許多地方都可以看見。有些太陽眼鏡就是利用偏振來降低太陽光的強度。電子錶也是這個原理。大家可以試試看，把實驗中的偏振片蓋在電子錶的螢幕上，改變偏振片的方向後，就會有讓你吃驚的事情發生喔！

36

溫度與
密度

認識
浮力

潛水艇溫度計

👆 生活情境

每天的溫度是冷還是熱,除了靠自己的感覺之外,
就是從家中的溫度計來了解了。
如果家裡剛好沒有溫度計,
那能不能自己做出一個漂亮又實用的溫度計呢?

🔽 實驗說明

「熱脹冷縮」這四個字相信大家都已經
很熟悉了。大部分東西在一般狀況下溫度
升高時體積會膨脹,溫度降低時體積會收縮。
但是在膨脹與收縮的時候重量(質量)卻不會改變。
也就是說,溫度升高時(體積膨脹)物體密度會變小,
溫度降低時(體積縮小)密度會變大。
以沉在水裡同樣大小的物體來說,水的密度變大時(冷水),水能夠產生
的浮力就會變大;而密度變小時(熱水),產生的浮力會變小。溫度的改
變造成密度的改變,而密度的改變又造成浮力的改變,這樣一來,我們就
可以藉由物體的浮沉,來觀察溫度的變化了。

 實驗器材

大瓶子 1 個（可以用漂亮或者有造型的瓶子，這樣
完成後可以擺在客廳或書桌上當裝飾品唷！）、
小瓶子 4 個、滴管、食用色素、滴管、
2 個杯子、溫度計、夾子、熱水與冷水各
1 杯。

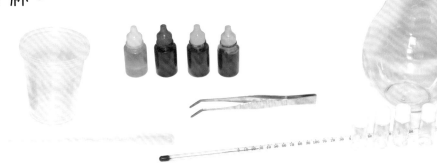

▶ 實驗步驟

1

用溫度計量出
攝氏約 35 度與
15 度左右的兩
杯水。

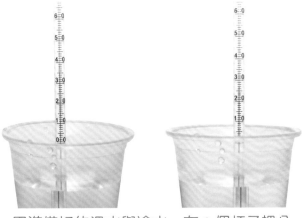

用準備好的溫水與冷水，在 2 個杯子裡分
別用溫度計量測。

貼心叮嚀　選擇攝氏 35 度與 15 度，只是為了配合我
們身邊環境的溫度變化範圍，如果想要更
高或更低都可以，但是高溫與低溫的差距
不要太小。

36 潛水艇溫度計

2

製作 4 個有顏色的小水瓶。

在每個小瓶子中裝水，再加入一點點食用色素後蓋上蓋子。

3

測試小瓶子是否可以在溫水中浮起。

加入水的小瓶子，一開始需要浮在溫水中，如果一開始就很快沉下去了，就先用夾子把它夾出來，用滴管吸掉一點點水，直到它在溫水中浮起來為止。

4

在浮起的小瓶子中，加入一點點水，蓋上蓋子再放入溫水中，直到小瓶子剛剛好沉到溫水裡。

溫水　　　　　冷水

開始用滴管一點點、一點點在小瓶子裡加水，每加一次，就把蓋子蓋起來，放到溫水中看看它是否依然浮著，如果浮著，就再打開蓋子，用滴管加入一點點水，直到它「剛剛好」沉下去為止。

這時候，把小瓶子放到冷水中，它應該要是可以浮起來的，如果不行，那表示前面那一滴水加得太多了。

貼心叮嚀 小瓶子調整水量的過程可能會花比較多的時間，請隨時用溫度計注意高溫水與低溫水的溫度，是不是仍然保持在攝氏 35 度與 15 度左右，如果溫度已經改變了，請適量加入熱水與冷水做調整。

5
在大瓶子裝水，把準備好的小瓶子放到裡面。

6
潛水艇溫度計就完成囉！

檢查一下，把大瓶子泡到溫水中，讓大瓶子的溫度升高，看看不同顏色的小瓶子是不是會一個一個的沉下去。

等到全部沉下去後，再把大瓶子泡到冷水中，這些瓶子應該會以沉下去的相反順序，又一個一個的浮起來。

37

水凝結的秘密

一秒結冰術

👆 生活情境

客人們在客廳裡一起聊天，小朋友從廚房裡拿出一瓶水準備要倒給客人。沒想到水倒出來到杯子裡的瞬間，突然就結成冰塊了。大家在想這到底是科學，還是魔術呢？

↘ 實驗說明

一般的水會在溫度降到攝氏 0 度左右凝結成冰塊，但是除了溫度之外，想要變成冰塊，還需要有其他的條件配合才行。首先是要有結晶核，讓周圍的水依附後開始結冰。如果水足夠純淨，沒有東西可以當做結晶核，在溫度降到 0 度以下時，水受到衝擊改變水分子的距離，而讓部分的水變成了固體，也會讓周圍的水依附而產生瞬間結冰的效果喔！第一步，我們在冰塊加上食鹽讓它吸收更多的熱量，來創造 0 度以下的低溫世界吧！

🔍 實驗器材

純水或蒸餾水、乾淨的玻璃瓶、冰塊、食鹽、水槽、溫度計、筷子。

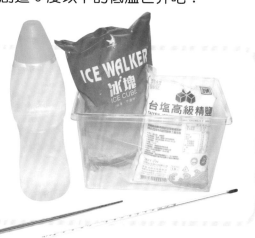

1

在水槽中放入冰塊，加入食鹽。

2

用筷子將冰塊與食鹽攪拌均勻。

3

盡量讓所有的冰塊都有沾到食鹽。

29 一秒結冰術

4

先用另一個較大的燒杯推開冰塊，再將裝了純水的錐形瓶放進來。

5

等待玻璃瓶中的水溫下降到0度以下。

將溫度計插到冰塊裡，靜靜地等玻璃瓶周圍的溫度降到0度以下。

每個人在做實驗時用的冰塊和食鹽不一樣多，所以等待的時間也會不同，能夠達到的最低溫度也可能不一樣。

7

小心的拿出玻璃瓶輕輕搖動。

8

可以看到水在瞬間結冰了！

9

如果在水中丟入一個小小的冰塊，或是把水倒出來，水也會馬上結冰喔！

延 伸 探 索

在了解一秒結冰術的原理後，小朋友們可以用普通的水看看會不會有一樣的結果？另外，有興趣的小朋友也可以再試試看，至少要把溫度降到攝氏 0 下多少度，才可以讓水瞬間結冰呢？

38 燒不起來的鈔票

👆 生活情境

大人常常告訴我們，紙張是很容易燒起來的東西，一碰到火就會燃燒殆盡。
假使還加上酒精，那火勢一定一發不可收拾。
這次的實驗要教大家一個科學魔術，
讓大家看看被火燒過的鈔票，
怎樣還能完好如初喔！

↘ 實驗說明

雖然酒精具有可燃性，
但要讓紙類燒起來還需要
達到足夠的溫度。酒精的燃點
遠低於紙，我們若將酒精與水
混合，再用它將紙沾溼，點火時
酒精會燃燒，但燃燒時所產生的
熱量大部分會被水吸收，紙所吸收
到的熱量沒辦法讓溫度上升到燃點，
自然就燒不起來了。

鈔票便條紙、酒精、小杯子、水盆、
夾子、打火機、濕抹布或滅火器。

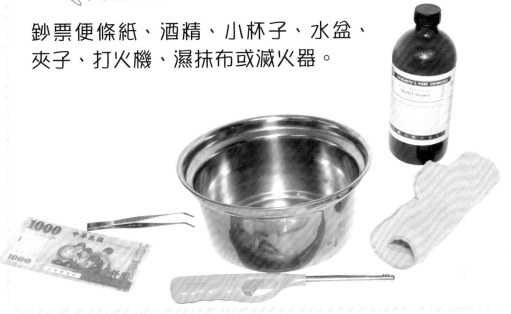

◉ 實驗步驟

1

用小杯子量出等
量水與酒精，倒
入水盆。

38 燒不起來的鈔票

2 用夾子夾起鈔票便條紙。

貼心叮嚀 盡量把便條紙夾得離手越遠越好，才可以避免點火的時候不小心燙到手喔！

3 將鈔票便條紙在水盆中沾溼。

4

用打火機點燃浸溼後的便條紙。

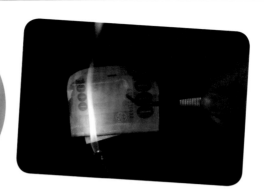

5

等到火熄滅後，你會發現便條紙還是完好如初。

貼心叮嚀　用火的實驗一定要有家長在旁陪同。點火同時請務必將原本的水盆移開，如果燒太久燒到便條紙燒起來了，就趕快丟到地上，用濕抹布或滅火器熄滅它。

延 伸 探 索

雖然火具有危險性，但如果小心使用，還是有許多實驗可以進行。還有，小朋友絕對不可拿真鈔來做實驗，如果失敗把真鈔燒掉了，可是有毀損國幣的罪名喔！

39 養樂多砲彈

燃燒與爆炸

空氣膨脹

生活情境

我跟弟弟每天早上都會喝養樂多，喝完之後總是在想，剩下的瓶子能不能有什麼用途？剛好弟弟想要一個新玩具，我在想如果可以把養樂多瓶做成玩具就好了。這次的實驗，就可以完成你這個夢想喔！

實驗說明

大家都聽過熱脹冷縮，空氣受熱後，體積也會跟著變大。運用空氣膨脹時累積的能量，產生的爆炸就可以變成動力，把養樂多瓶發射出去了。

實驗器材

酒精、長型點火槍、
養樂多瓶、橡皮塞。

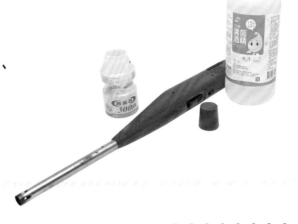

實驗步驟

1
用鑽孔器比較
一下長型點火
槍的粗細。

2
找到合適的
鑽孔器將橡
皮塞鑽孔。

3
鑽出一個可以
緊緊套在點火
槍上的洞。

貼心叮嚀 鑽孔工具的前端很
尖銳，鑽洞時要特
別小心喔！

159

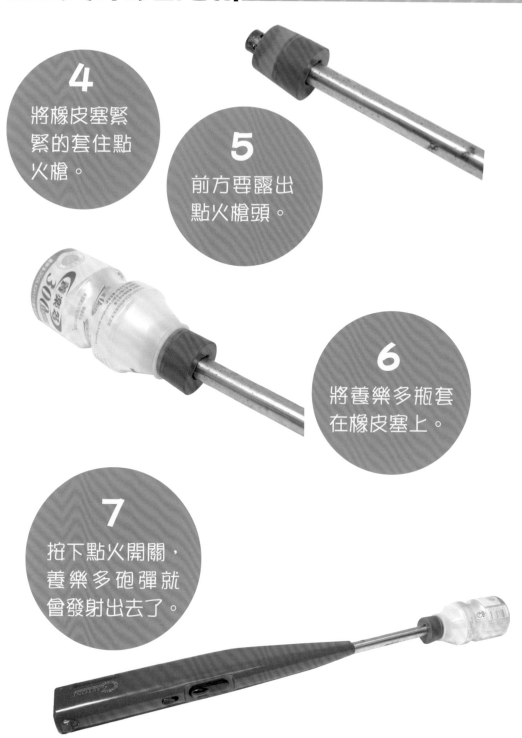

4

將橡皮塞緊緊的套住點火槍。

5

前方要露出點火槍頭。

6

將養樂多瓶套在橡皮塞上。

7

按下點火開關，養樂多砲彈就會發射出去了。

8

發射後試著在養樂多罐子裡倒入幾滴酒精。

9

套上點火槍再發射一次看看。

貼心叮嚀

發射養樂多瓶時絕對不可以對著人發射。還有，同一個養樂多瓶子發射第二次時，有時候會因為第一次發射時產生的二氧化碳，而讓第二次沒辦法成功。只要在第一次發射後，將瓶子左右甩一甩，讓瓶內空氣與瓶外交換一下就可以了。

延 伸 探 索

酒精燃燒可以讓空氣膨脹產生壓力，把養樂多瓶發射出去。但是沒有加酒精時，同樣也可以把養樂多瓶射出去。大家可以比較一下兩種發射方式，產生爆炸的過程有什麼不同？再進一步想一想，除了酒精之外，還有沒有其他的因素，會影響養樂多瓶射得遠不遠呢？

40 火柴棒火箭

火箭原理

固態燃料

生活情境

啾啾啾！在電視或電影裡，常常看到火箭一飛衝天，搭載著人類的夢想往太空飛去。雖然想讓自己成為太空人，坐上火箭飛向太空可能還需要許多努力，但是如果想要在家裡感受發射火箭的刺激，那只需要火柴棒就可以做到喔！

實驗說明

大家都有玩過衝天砲的經驗，衝天砲發射的原理，就是利用火藥產生小型的爆炸，產生的反作用力讓衝天砲發射出去。我們將火柴棒頭包在鋁箔紙中，加熱後讓火柴棒頭產生爆炸，同樣可以讓我們的火柴棒火箭一飛衝天！

 實驗器材

火柴棒、鋁箔紙、竹籤、剪刀、美工刀、
酒精燈（或蠟燭）、白紙。

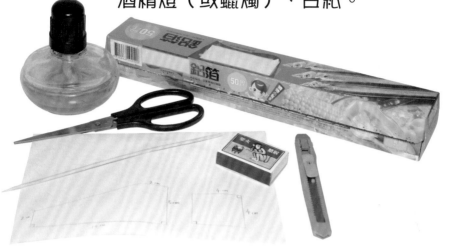

▶ 實驗步驟

1

照著下圖尺寸，
在白紙上把它畫
出來。

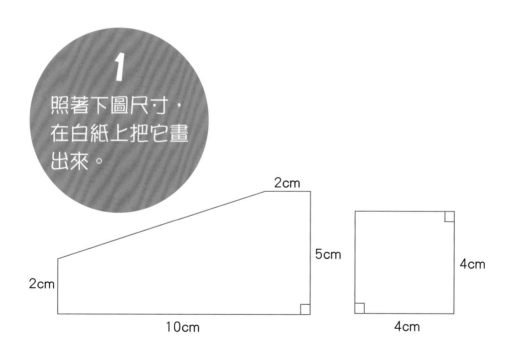

2cm

2cm

5cm

10cm

4cm

4cm

163

40 火柴棒火箭

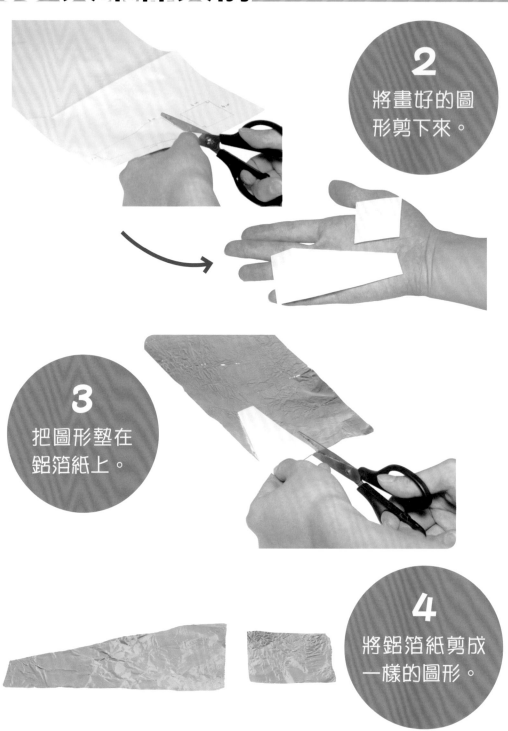

2
將畫好的圖形剪下來。

3
把圖形墊在鋁箔紙上。

4
將鋁箔紙剪成一樣的圖形。

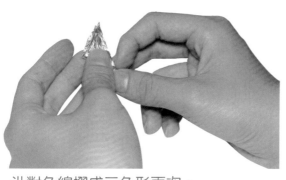

5

將正方形鋁箔紙捏成尾翼的形狀。

沿對角線摺成三角形兩次。

6

用剪刀在前端剪下一個小洞。

7

折成火箭尾翼備用。

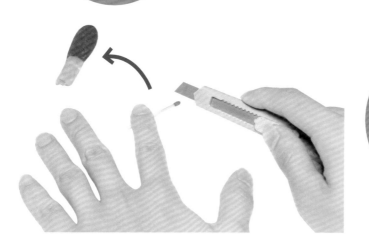

8

用美工刀切下火柴棒頭。

165

40 火柴棒火箭

9
將竹籤放在梯形鋁箔紙上。

10
在前端留下放置火柴棒頭的空間。

11
將梯形鋁箔紙捲在竹籤上。

12
捲好後把火柴棒頭塞進前端的洞裡。

13
用手指將尖端捏緊捏平。

貼心叮嚀
這一步需要確實把鋁箔紙前端封好，火箭才不會漏氣。

14 將之前準備好的尾翼套上捏緊。

15 拿起竹籤，點好酒精燈。

16 將火箭頭放在酒精燈上加熱。

17 火柴棒火箭就會發射了！

貼心叮嚀

火柴棒火箭絕對不可以對著人發射喔！

 延 伸 探 索

大家想想看，火柴棒火箭的尾翼有什麼功能？如果將它去掉的話，發射時會有什麼樣的情況發生？還有，如果放入較多的火柴棒頭，火柴棒火箭就會飛得比較遠嗎？最後，只要用到火的實驗，都會有一點點危險性，實驗一定要小心的進行喔！

用 COCOAR2 掃描本頁，就能觀賞
「科展秘笈」系列影片。

力學與其他的
科學遊戲

41
顏色來賽跑

毛細現象

👆生活情境

媽媽給小朋友買了水彩，小朋友在用水彩畫畫時，發現把不同顏色的水彩加在一起，就會變成另外一種顏色。如果不同顏色的水彩可以加在一起調色的話，那麼，一盒彩色筆裡面有那麼多顏色，這些顏色是不是也是由不同的顏色所調出來的呢？

🔽 實驗說明

在顏料的世界裡，紅、黃、藍是三種基本的顏色，紅加黃、黃加藍、藍加紅會變成哪些顏色，相信大家都已經知道了。彩色筆中不同顏色的顏料，附著在物體上的力氣與快慢會有一點點不同。利用這個特性，就可以把混合在彩色筆中的顏色分開了。

🔍 實驗器材

水性奇異筆（或彩色筆）、
白色粉筆、小碟子。

1

準備水性奇異
筆或彩色筆，
還有粉筆。

2

在距離粉筆底
端一點點的地
方畫上一圈。

3

使用不同的顏
色，重複上面
的步驟。

41 顏色來賽跑

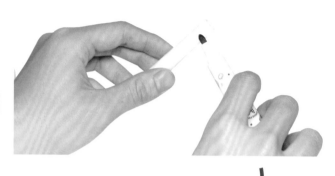

4

每支粉筆上顏色的位置要盡量相同。

5

在小碟子倒入適量的水。

6

有顏色標記底端朝下，將粉筆直立水中。

7
觀察粉筆上顏色的變化。

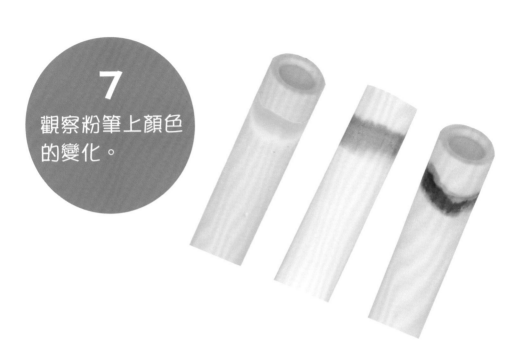

延伸探索

靠著附著力與內聚力，液體會自己流向像是毛巾、衛生紙等細管狀的物體上，這個現象叫毛細現象。不同的液體與固體，毛細現象表現出來的效果也不同。把水換成酒精、去漬油，把彩色筆換成油性奇異筆、水彩、蠟筆、原子筆，最後再把粉筆換成雲彩紙、衛生紙、宣紙，看看是不是也會有相同的結果喔！

42
地鼠跳豆

改變的重心

生活情境

爸爸回家的時候，小朋友給爸爸一個有洞的紙盤，上面放了一個像膠囊一樣的小豆子。小朋友要爸爸把小豆子搖到洞裡，當爸爸把盤子拿起來時，哇！這小豆子居然跳起來了。這次實驗我們就來做這個地鼠跳豆吧！

實驗說明

我們的地鼠跳豆分成兩個部分，一個是鋁箔紙做成的外殼，另一個是裡面的小鋼珠。因為小鋼珠跟鋁箔紙並沒有黏在一起，小鋼珠在鋁箔紙內自由滾動時，也會帶動外層的鋁箔紙一起運動，看起來就像是有生命一樣在跳動了！

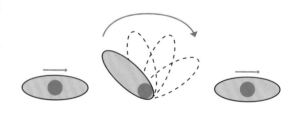

實驗器材

鋁箔紙、小鋼珠、較硬粗吸管、美工刀、紙盤、小罐子。（先找到吸管，小鋼珠大小要比吸管小一點。）

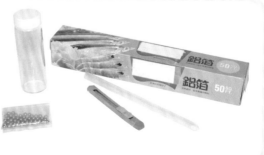

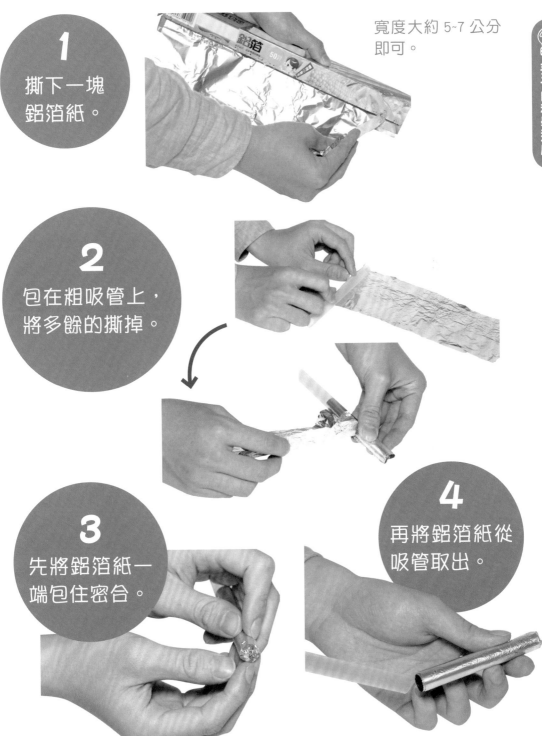

1 撕下一塊鋁箔紙。

寬度大約 5~7 公分即可。

孩子的科學遊戲

2 包在粗吸管上，將多餘的撕掉。

3 先將鋁箔紙一端包住密合。

4 再將鋁箔紙從吸管取出。

42 地鼠跳豆

5 將小鋼珠從另一端放進鋁箔紙管中。

6 剪掉多餘的部分，將開口像步驟 3 一樣密合。

7 將鋁箔紙放入小罐子。

8 蓋上蓋子搖一搖後拿出來。

9 地鼠跳豆就完成了。

10
用美工刀在紙盤上切出一個小洞。

貼心叮嚀 用美工刀切紙盤時要特別小心喔！

11
洞的大小要讓跳豆可以通過。

12
把地鼠跳豆放在紙盤上。

13
試試看，能不能讓跳豆跳進洞裡呢？

延伸探索

完成一個跳豆之後，可以使用一樣的材料，再做一個比較長的「大跳豆」，小跳豆跟大跳豆都是用一樣粗細的吸管做出來的，裡面放的鋼珠也相同，大家可以比比看，這兩個跳豆跳動的樣子有什麼不同呢？

43
空中飛輪

白努力定律

👉 生活情境

喝完飲料後的紙杯，除了把它回收之外，如果能把它做成玩具那就更好了。剛好家中還有許多買便當剩下的橡皮筋，我們就利用這些材料來做成一個好玩的空中飛輪吧！

➘ 實驗說明

白努力定律告訴我們：「流動快的空氣壓力小，流動慢的空氣壓力大」。空中飛輪的原理跟棒球投手投出的變化球一樣，都是利用本身的轉動帶動周圍的空氣，讓上面與下面的空氣流速不同，造成壓力大小不一樣，讓空中飛輪除了往前飛，還可以往上飛喔！

🔍 實驗器材

紙杯2個、膠帶、橡皮筋大約 10 條、竹筷。

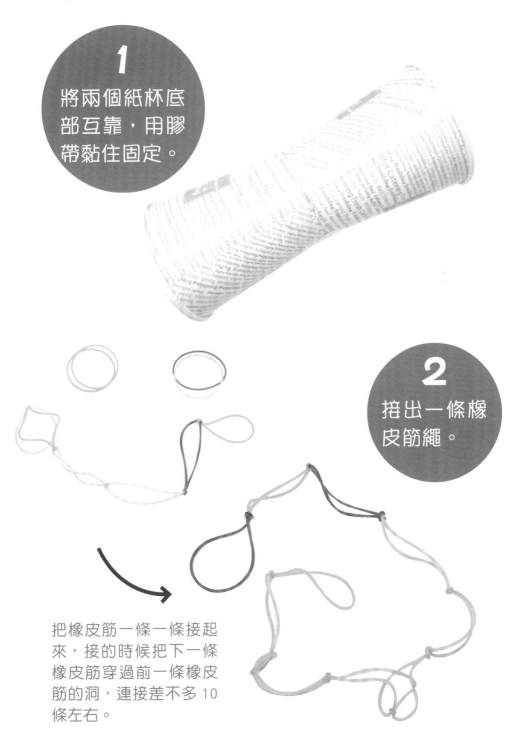

1

將兩個紙杯底部互靠，用膠帶黏住固定。

孩子的科學遊戲

2

接出一條橡皮筋繩。

把橡皮筋一條一條接起來，接的時候把下一條橡皮筋穿過前一條橡皮筋的洞，連接差不多 10 條左右。

43 空中飛輪

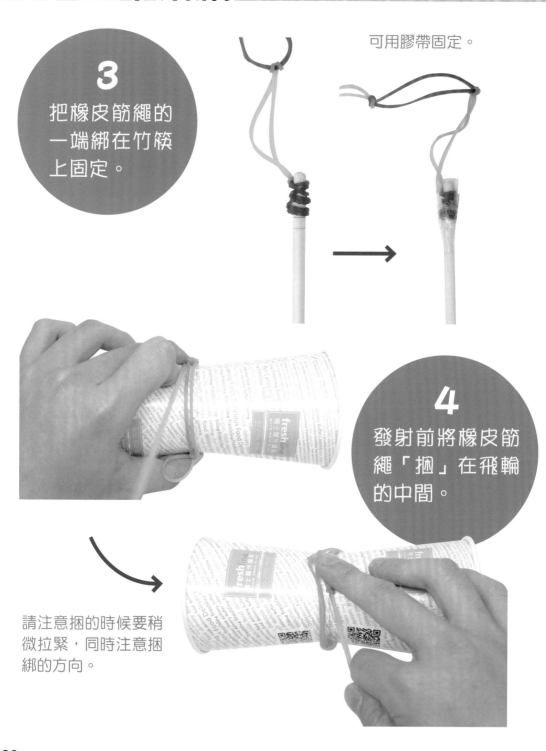

3

把橡皮筋繩的一端綁在竹筷上固定。

可用膠帶固定。

4

發射前將橡皮筋繩「捆」在飛輪的中間。

請注意捆的時候要稍微拉緊，同時注意捆綁的方向。

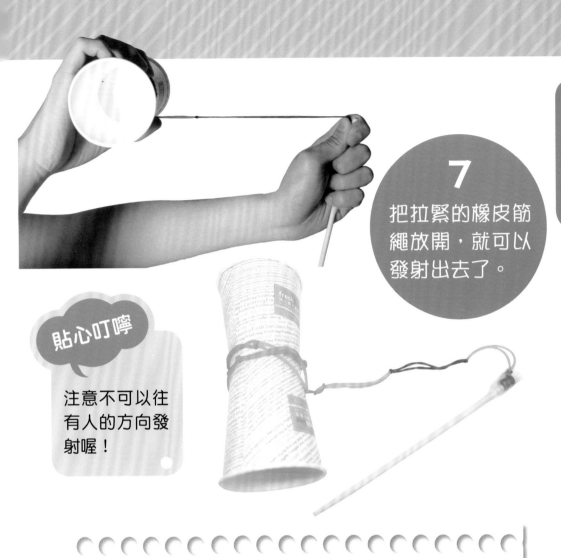

7

把拉緊的橡皮筋繩放開，就可以發射出去了。

貼心叮嚀

注意不可以往有人的方向發射喔！

延 伸 探 索

空中飛輪往前飛的過程中，因為自己也會轉動，所以會讓上方空氣的流速較快，壓力會變小，讓空中飛輪向上升，這就是白努力定律。如果我們把橡皮筋的方向反過來捆，空中飛輪會用什麼樣的方式飛出去呢？還有，我們的空中飛輪是往前發射，如果往上發射，再用不同的方向捆橡皮筋，想想看，它會往哪個方向偏呢？

44
家中的流砂

非牛頓流體

電視與電影中，常常看到有輕功水上漂，人可以快速地從水面上衝過去的畫面。有沒有什麼方法，也可以讓我們在家中，體驗這種電影一般的情節呢？這次的實驗就可以滿足你喔！

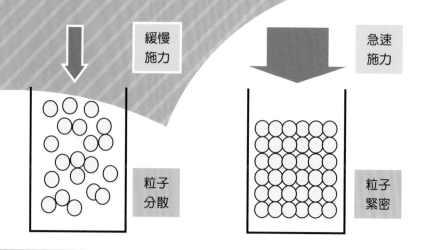

緩慢施力　粒子分散

急速施力　粒子緊密

實驗說明

「非牛頓流體」的特徵，就是它的黏度會因為受到的力量的大小與速度不同而產生變化，如果力量又大又快，就有機會在短時間內變成像固體的樣子。以我們用的太白粉來說，當我們緩慢施力時，它所含的澱粉粒子是分散的，所以很容易陷下去；但是快速用力壓時，澱粉粒子就有機會因擠壓而排列整齊，來抵抗外來的力量，這就是非牛頓流體的特色。

🔍 實驗器材

太白粉、鍋子或是臉盆。

▶ 實驗步驟

1
太白粉倒入鍋子中,加水攪拌均勻。

183

44 家中的流砂

2 用手掌慢慢抓取太白粉漿。

3 接著再快快抓取它，有什麼不同的感覺？

4 從表面上快速的拍它。

5 用拳頭來捶它。

6 嘗試感受到它變硬的樣子。

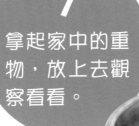

7
拿起家中的重物，放上去觀察看看。

8
把它放地上，試試看快速從上面踏過去。

貼心叮嚀

如果要把鍋子或臉盆放在地上踏過去，雖然不會在太白粉漿裡面沉下去，但是有可能因為鍋子臉盆與地板間的滑動，而讓小朋友跌倒，這一點要特別注意！

延伸探索

除了太白粉之外，用玉米粉也可以調出非牛頓流體。大家可以想想看，非牛頓流體這樣的特性，可以應用在哪些地方呢？還有一點，做完實驗的非牛頓流體，一定不可以倒入馬桶或是洗手台裡面，這樣會讓水管阻塞喔！

45
時光倒流

液體黏滯性

👍 生活情境

家裡的玩具、衣櫃的衣服，這些地方如果不整理的話，總是一天一天越來越亂。有沒有可能有一種魔法可以倒流時光，讓已經變亂的東西自己又跑回去。雖然這種魔法可能不存在，但是我們卻可以讓分散開的色彩又集合起來喔！

↘ 實驗說明

黏稠的蜂蜜是不是很難挖取？我們把形容流體黏稠的程度稱為黏滯性。洗碗精具有黏滯性，實驗中旋轉內層的小杯子，讓洗碗精流動時，滴在裡面的食用色素在洗碗精中也跟著流動。但它並非隨意方向的流動，而是往單一的方向前進。所以當小杯子反方向旋轉時，色素就跟著朝反方向後退，回到原來的位置了。

🔍 實驗器材

洗碗精、透明杯子（大小各一個）、滴管、食用色素。

孩子的科學遊戲

1

將大杯子裡裝些許洗碗精。

2

在小杯子中裝水，八分滿即可。

3

將小杯子放入大杯子裡。

貼心叮嚀 在步驟 2 小杯子裡的水不能加太少，否則會在步驟 3 的時候發現小杯子一直浮起來喔！

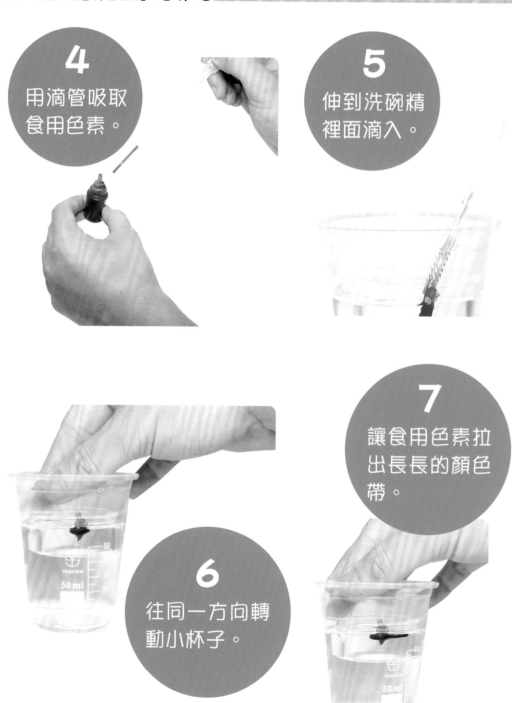

4 用滴管吸取食用色素。

5 伸到洗碗精裡面滴入。

7 讓食用色素拉出長長的顏色帶。

6 往同一方向轉動小杯子。

8
再將小杯子往反方向旋轉。

9
就會看到分散的顏色又跑回來了。

延伸探索

做完一次實驗後，可不可以繼續用同一套器材，把實驗重覆做好幾次呢？小杯子是不是不管轉多少圈，轉回來時一定都可以變回原本的樣子？還有，除了洗碗精，家中還有許多常見的黏滯性液體，大家也可以試試看喔！

46
用聲音傳圖片

生活情境

鄰居家的小朋友們來家裡玩，但我們家只剩下爸爸一個大人在，如果有一個遊戲可以讓一個大人同時跟很多小朋友一起玩的話就太好了。這時候，用聲音傳圖片的遊戲就派上用場囉！

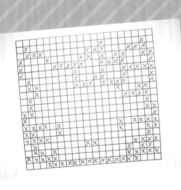

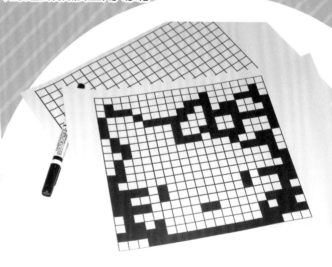

實驗說明

我們常常聽到「數位」這兩個字。簡單來講，就是把我們所需要用到的資訊，用一大串數字來表示。圖片也是一樣，如果我們把圖片切成很小、很小的格子，小到每一個格子只有一個顏色，那就可以用數字來代表格子裡的顏色，而只要把每一格的顏色告訴對方，那就可以把一個圖片傳過去了。我們用一個簡單的黑白圖片來試試吧！

🔍 實驗器材

圖片範例（出題目的大人使用）、空白表格範例與鉛筆（答題的小朋友們每人一份）。

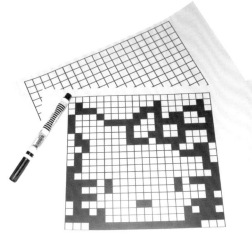

圖片範例請到此下載：http://doctorx9000.com/5420/

▶ 實驗步驟

1
出題目的大人要跟小朋友分開坐。

2
不要讓小朋友看到本書的範例圖片。

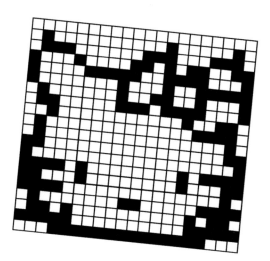

46 用聲音傳圖片

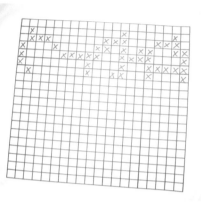

3 告訴參加的小朋友們下面規則。

規則 1 用鉛筆從左上角的格子開始，一格一格往右點，聽到「0」的指令就跳過這個格子，聽到「1」的指令就在格子裡畫一個小叉叉。

規則 2

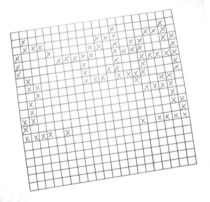

大人拿著圖片範例，從左上角的第一格開始往右邊看，白格字就念 0，黑格子就念 1。唸完一行的時候要稍微暫停，讓大家檢查一下這一行的「叉叉」有多少個。

規則 3 同時參加的小朋友可能年紀有差異，每個人畫叉叉的速度不一樣快，大人可以依情況調整念出 0 與 1 的速度，並在每次換行時檢查看看大家有沒有畫錯。

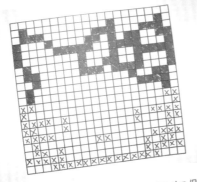

4
唸完後，請小朋友把叉叉都塗黑。

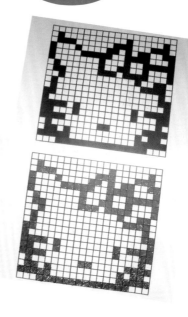

等到一行一行念完後，小朋友們就可以把所有有叉叉的空格，用鉛筆塗黑。全部塗完，就可以看看到底接收到什麼樣的圖片了。

延伸探索

這個實驗其實就是電腦用數位的方式在傳遞資料的一個例子，把圖片的格子切得越小，圖片的線條就會越圓滑，而格子中不同的顏色也可以用更多的數字來代表。這就是為什麼越是精細的照片，會需要越多的電腦容量來儲存的原因了。

47

彈力應用　能量儲存

眼鏡蛇驚嚇卡

👆生活情境

萬聖節到了，想要做出一張嚇人的卡片，除了在卡片上畫一些可怕的圖案之外，如果想要做出讓人可以真的「嚇一跳」的卡片，那眼鏡蛇驚嚇卡一定是你最好的選擇。

↘ 實驗說明

橡皮筋是一個很特別的東西，我們花力氣拉緊它之後，把它固定在任何地方不要讓它彈回來，它就可以把能量儲存下來，等到之後我們把它鬆開讓它「彈出去」，被彈到的人就可以感受到它所釋放出來的能量了。同樣的，我們把橡皮筋扭轉的過程中，也可以把能量儲存下來，放鬆後所釋放的能量，就可以拿來嚇人囉！

🔍 實驗器材

卡片用信封袋、厚紙板、包裝紙、文件金屬圈、刀片、橡皮筋。

1
將厚紙板用刀片切成圖中的形狀。

2
讓厚紙板的大小比卡片用信封袋小一點。

這樣做好的眼鏡蛇驚嚇卡才能放得進信封袋。

貼心叮嚀

厚紙板有一定的厚度與硬度,切的時候需要用比較大的力氣,一定要特別的小心。

3
在厚紙板上,如圖割出四個凹槽。

47 眼鏡蛇驚嚇卡

4 將橡皮筋穿過文件金屬圈後拉緊。

5 如圖中套在厚紙板上。

6 用手將金屬圈扭轉數圈。

可以把它盡量多轉幾圈，但不要轉得緊到讓厚紙板變形了。

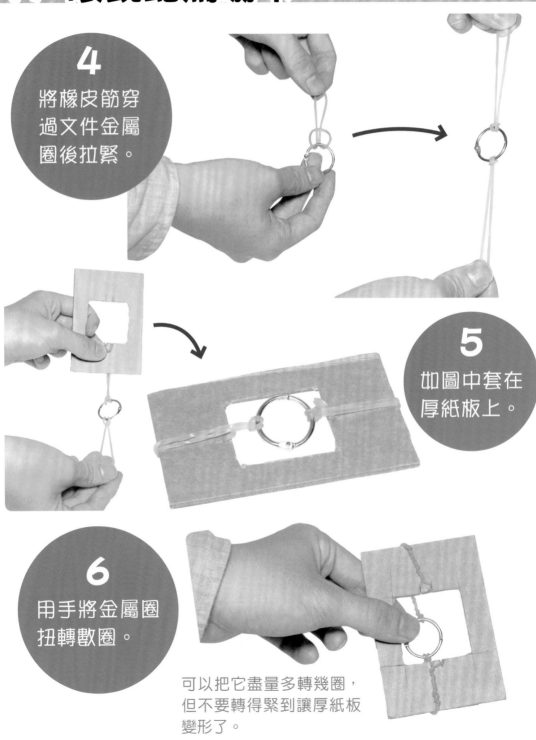

7

用手抓住金屬圈，小心包上包裝紙折好。

如果喜歡也可以在包裝紙上做一些小小的裝飾。

8

把做好的驚嚇卡放進信封袋。

等到收信人拆開信封，拿出包裝紙打開時，就會被彈回的金屬圈發出的聲響嚇到了。

延 伸 探 索

把能量儲存下來的方式很多，我們對橡皮筋或是彈簧施力，其實就是把能量儲存下來的一種方式。能量的形式有很多，儲存能量的方式也有很多，我們常用的電池就是一種儲存電能的方式。想想看，生活中其他形式的能量，是不是也有方法可以把它儲存下來呢？

48 自製橢圓規

橢圖形的奧秘

👆 生活情境

大家會用直尺來畫出正方形與長方形、用三角板畫三角形，也有小朋友會用圓規畫圓形。但是如果想要畫出一個漂亮的橢圓形，你知道要怎麼畫才好嗎？

🔽 實驗說明

我們先來看看圓形，它有一個中心點，我們把它稱為圓心，圓形邊邊上的線叫做圓周，圓周上的每一個地方跟圓心的距離都是一樣的，我們把這個距離稱為半徑。與圓形不相同的是，橢圓形有兩個焦點，而橢圓形邊邊上的線到這兩個點的距離「加起來」是固定的。利用橢圓形這樣的特性，我們來做一個簡單的橢圓規。

🔍 實驗器材

瓦楞紙板一片、圖釘 2 支、線、白紙。

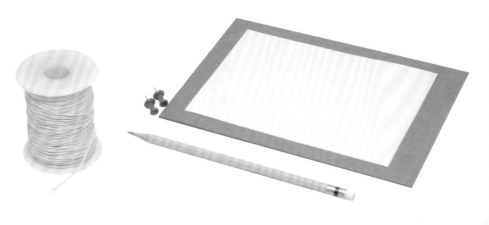

▷ 實驗步驟

1
將白紙放在瓦楞紙上。

2
釘上兩支圖釘。

3
兩支圖釘之間間隔適當距離。

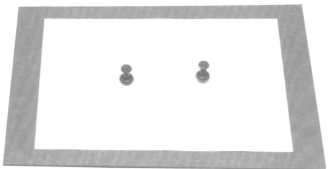

48 自製橢圓規

4 用線綁成一個圈圈。

5 將圈圈套在兩支圖釘上。

貼心叮嚀 圈圈拉直後的長度,要比兩支圖釘間的距離再長一些。

6 將鉛筆插到圈圈中,準備開始畫。

7 用筆把線圈繃緊。

8

接著繞著兩支圖釘畫一圈。

9

就可以在白紙上畫出橢圓形了。

 延 伸 探 索

跟大家說明一下橢圓的相關知識。橢圓的邊邊到兩個焦點的距離加起來都是固定的，小朋友們把圈圈綁緊的時候應該就會發現。圖中的線段 a 與線段 b 分別是它半長軸與半短軸。如果小朋友們已經知道半徑為 r 的圓形的面積是 πr^2 的話，那我們要告訴你，橢圓形的面積是 πab 喔！

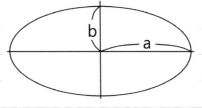

49 學偵探找指紋

鑑識科學

生活情境

小朋友跟爸爸媽媽在看偵探卡通，看到裡面的警察伯伯們想要找出是誰犯的案子，就會在犯罪的現場找找看，有沒有犯人留下來的指紋。這時候，小朋友看到警察伯伯們拿著好像刷子的東西，在每一個可疑的東西上面刷來刷去。到底這個動作為什麼可以找出指紋呢？做完這個實驗，你就知道找指紋的方法囉！

實驗說明

在摸身旁的許多東西時，其實我們都已經把指紋留在我們觸摸過的地方。手指和身上其他部分的皮膚一樣具有汗腺，只要摸了東西，就會有少量的汗水殘留。這時候使用鋁粉，或是其他細小粉末，接近我們摸過的東西時，汗水便會吸附這些粉末，原本看不見的指紋就出現了。

實驗器材

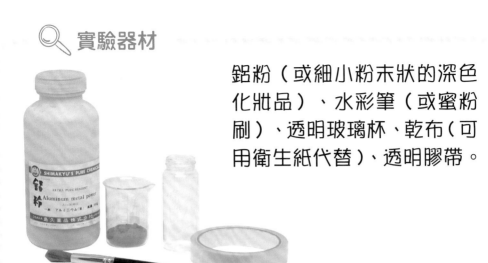

鋁粉（或細小粉末狀的深色化妝品）、水彩筆（或蜜粉刷）、透明玻璃杯、乾布（可用衛生紙代替）、透明膠帶。

實驗步驟

1
用乾布將透明玻璃杯擦乾淨。

貼心叮嚀 如果在這個步驟使用衛生紙擦拭的話，要小心不要留下太多棉絮，才能讓指紋更漂亮喔！

49 學偵探找指紋

2

找一個適當地方，用手指留下指紋。

貼心叮嚀

如果擔心留下的指紋不夠明顯，可以摸一下大人鼻子旁邊容易出油的地方再按。

3

倒出一些鋁粉，用水彩筆沾一點點。

4

輕輕的在剛剛按過指印的地方刷幾下。

5

慢慢就會看到指紋完整出現。

6

用膠帶貼在指紋上，小心地把它撕下來。

7

貼在白紙上，你就採到一枚指紋了。

延 伸 探 索

如果用手摸過玻璃杯會留下指紋，那當我們赤腳踩過一些光滑的表面時，是不是也會留下腳底的紋路呢？有興趣的小朋友可以在磁磚上試試看喔！

50 魔手爪

認識骨骼關節

生活情境

有一天，小朋友仔細在看著自己的手，忽然發現一件很特別的事。手掌跟手指間的關節可以單獨的動，但是手指頭上面另外兩個關節卻是兩個一起動的。想要了解手指動作的原理，就來做做看我們的魔手爪吧！

實驗說明

人跟機械不一樣，機械可以靠著馬達的轉動做出不同的動作，而人的動作則是透過身體各部的收縮來進行。製作魔手爪時，在吸管中切出一個一個的缺口，就像我們的關節一樣，只要我們控制接在裡面的線，就可以巧妙地模擬出手的動作了。

 實驗器材

吸管、棉線、剪刀、奇異筆。

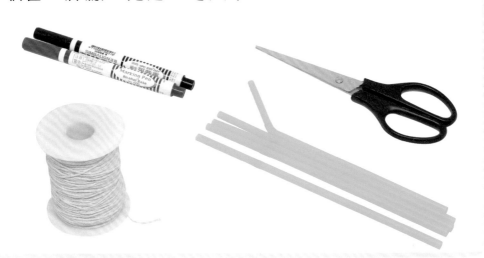

 實驗步驟

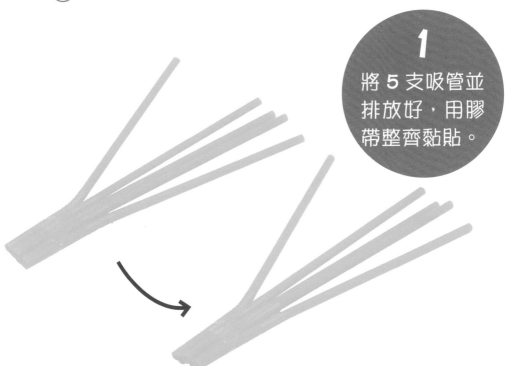

1
將 5 支吸管並排放好，用膠帶整齊黏貼。

50 魔手爪

2 將吸管對著手指放好。

3 用奇異筆在手指關節對應處做上記號。

4 剪掉吸管前端太長的部分。

5 在做好記號的地方用剪刀剪一個小縫。

6 讓吸管折的時候就好像自己的手指一樣自然彎曲。

貼心叮嚀

剪關節小縫的時候要注意，不小心剪太多會讓手指頭斷掉喔！

7 在手指尖端剪一個小縫，將棉線穿過吸管後打結，固定在小縫上。

8 將5根手指尖端都固定好。

9

拉動另一端的棉線，吸管就會像手指一樣動作。

10

試試看魔手爪可以抓起哪些東西。

延伸探索

其實我們身體不止是手，全身上下很多地方都有關節。雖然說身體比起吸管來說還要強韌許多，但是小朋友們絕對不能因此輕忽身體各部分的保養，平常就要好好愛護好每個關節，尤其是膝蓋，它可是要陪大家走數十年的路呢！

51
天氣預報瓶

天氣與
氣壓

早上起床出門前，都會想要知道今天是好天氣還
是壞天氣。除了決定要不要帶雨傘，天氣的
好壞也會影響我們活動的安排。雖然在
網路上或是電視上可以看到氣象預報，
但是如果可以在家裡有一個設備
告訴我們今天的天氣，
那就太棒了。

實驗說明

氣壓的高低會影響我們的天氣。通常氣壓高天氣好，氣壓低就會有壞天
氣。但是我們要怎麼知道現在氣壓高還是氣壓低呢？這個實驗就要利用一
個簡單的器具讓我們在家裡測量氣壓。我們利用一個封閉容器，在外界環
境壓力改變時，容器內空氣受到擠壓，讓管內水位產生高低變化。高氣壓
時水位降低，低氣壓時水位升高，如此一來，就可以用它來了解天氣狀況
了。

 實驗器材

塑膠壓瓶、塑膠軟管、
鐵絲、食用色素、厚紙
板、繩子。

貼心叮嚀 在買器材時,先到容器行買塑膠壓瓶,把壓瓶的頭先拔掉,帶著剩下的部分去找塑膠軟管,讓塑膠軟管的粗細可以緊緊的套住塑膠壓瓶瓶口。

▷ 實驗步驟

1 將塑膠壓瓶裝入半滿的水。

2 在水中滴入一點食用色素。

3 在塑膠壓瓶瓶口套入塑膠軟管。

4 用鐵絲在厚紙板上穿兩個洞。

洞的距離要略小於瓶子的寬度。

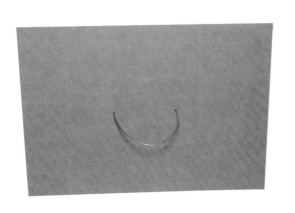

5

在背面先稍微綁住好，讓鐵絲不會滑動。

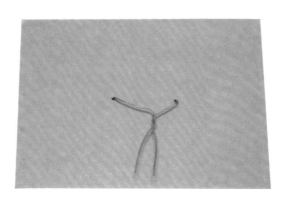

6

塑膠壓瓶倒立，用鐵絲固定壓瓶在厚紙板上。

213

51 天氣預報瓶

7 調整水管到適當的位置後，用膠帶固定住水管。

8 看看水管內水位的高度。

9 如果水位太高，可以把水倒掉一些。

10 如果水位太低，就加多一點點水進去。

11
在紙板打洞，將繩子取適當長度穿過去。

12
將它掛在牆上，就是一個氣壓計。

13
看水管水位，就知道氣壓高或氣壓低。

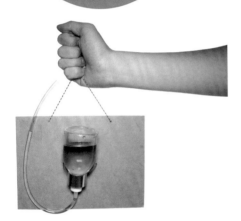

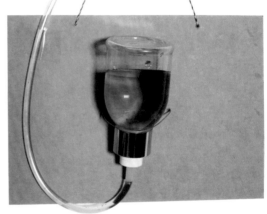

外界環境壓力改變時，容器內空氣受到擠壓，讓管內水位產生高低變化。高氣壓時水位降低，低氣壓時水位升高。

延伸探索

溫度的高低會讓我們感覺熱與冷，而氣壓的高低則會影響天氣是不是會下雨。氣象學家們在做天氣的預測時，除了溫度之外，氣壓也是一個重要的參考依據。只要有足夠數量的觀測站，提供夠精準的數值資料，就有機會能為未來做出更準確的氣象預報喔！

52

水變乾淨了

在學校看到飲水機在做保養，負責的叔叔從飲水機拆下一罐一罐的瓶子，再把新瓶子裝上去。我問叔叔這是什麼東西，叔叔告訴我這是濾心，用來把生水過濾成我們可以直接飲用的水。濾心用的是怎麼樣的原理，為什麼可以過濾呢？

↘ 實驗說明

飲水機濾心可以幫我們把水變乾淨，我們其實也可以自己動手做濾心，只要用活性碳就可以。為什麼活性碳可以過濾水中的髒東西呢？活性碳是一種多孔的結構，意思是它是有很多很多的小洞，一個東西的大小不變，但是如果多了很多洞，它的表面積就會增加很多。大家可以想像把一個平滑的球塗顏色，跟一個到處都是洞的球塗顏色時，都是洞的球需要用到比較多的顏料。同樣的道理，活性碳就可以利用多孔的特性，來吸附水中的髒東西喔！

🔍 實驗器材

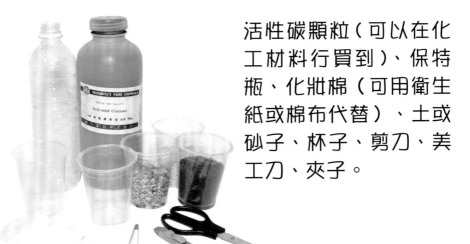

活性碳顆粒（可以在化工材料行買到）、保特瓶、化妝棉（可用衛生紙或棉布代替）、土或砂子、杯子、剪刀、美工刀、夾子。

▶️ 實驗步驟

1
小心的用美工刀將保特瓶的底部切掉。

貼心叮嚀 雖然小朋友可能都會使用美工刀了，但是切保特瓶需要較大的力氣，一不小心還是可能會有意外，大家要特別注意。

52 水變乾淨了

2
將化妝棉剪成正方形，折成數層。

3
化妝棉剪裁大小差不多跟保特瓶一樣寬。

4
這樣的正方形需要至少先準備三個。

5
用夾子夾一塊化妝棉沾濕後，鋪在保特瓶瓶口處。

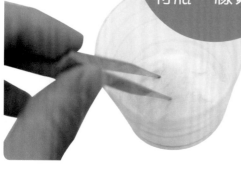

層數可以看小朋友們準備的化妝棉厚度做調整，越多層的話，水就可以過濾得越乾淨喔！

6
倒入活性碳顆粒並鋪平。

7
再加一塊化妝棉鋪在活性碳顆粒的上方。

8
重覆步驟讓活性碳至少有三層。

貼心叮嚀
最上面一層至少要距離保特瓶切口還有一些距離，倒水時才不會滿出來。

9 在另外一個杯子裡，將土與砂子調成一杯污水。

10 把污水緩緩倒入活性碳過濾器。

用另一個杯子在底下接，就可以看到乾淨的水流出來了。

貼心叮嚀

實驗中過濾出來的水，可能看起來比倒進去時乾淨很多，但絕對不可以拿來喝喔！

 延 伸 探 索

我們的實驗中只針對了我們眼睛看得到，顆粒較大的髒污進行過濾，但水中還有其他看不見的，像是微生物、化學物質等等，在變成一杯飲用水前都需要經過一層又一層的處理。現在我們知道了要創造一杯乾淨的水相當不容易，所以大家要好好珍惜水資源喔！

53
做一朵白雲

絕熱膨脹

👆 生活情境

藍藍的天、白白的雲。抬頭看看天空，一朵朵的白雲看起來就像又輕又軟的棉花糖，可惜看得到卻摸不到。家裡剛好有喝完的飲料保特瓶，這次的實驗中，我們就要用保特瓶變出白雲喔！

↘ 實驗說明

大家都知道，溫度的上升會讓水變成水蒸氣。水蒸氣是看不見的，我們看到的雲，或是燒開水時的白煙，其實是水蒸氣溫度下降後，凝結成飄在空氣中的小小水滴。我們在保特瓶中打氣後，很快的把塞子拔掉，這時候瓶子裡面會發生兩件事。首先是壓力一下子變小，瓶中的水瞬間變成水蒸氣。又因為壓力變小時溫度同時下降，使得這些水蒸氣凝結成很小的水滴，就變成我們看得到的雲霧了。

🔍 實驗器材

打氣筒、打氣筒用球針、
橡皮塞、保特瓶。

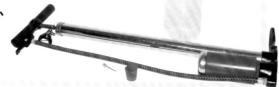

1
球針對準橡皮塞中心，戳一個洞。

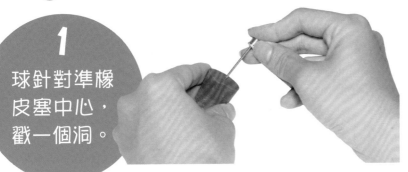

2
把球針穿過整個橡皮塞。

3
拔出球針，將球針旋入充氣頭中。

4
確認鎖緊。

5
將鎖好在充氣頭上的球針插到橡皮塞上。

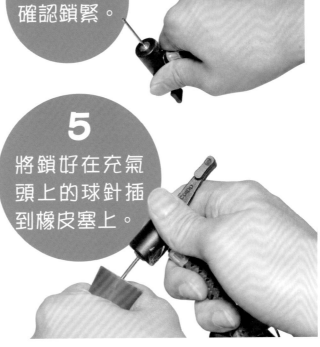

53 做一朵白雲

6 在保特瓶中加入一點點水。

7 將橡皮塞塞入保特瓶口。

貼心叮嚀

上面步驟都要盡量塞緊，才不會漏氣喔！

8 用打氣筒開始打氣。

9 覺得打氣筒變緊時就可以停止。

貼心叮嚀

如果打氣打太多，多到橡皮塞跳出來的話，有可能會發生危險喔！

10 小心地把橡皮塞拔掉。

11 瞬間瓶中就出現像雲一樣的水霧了。

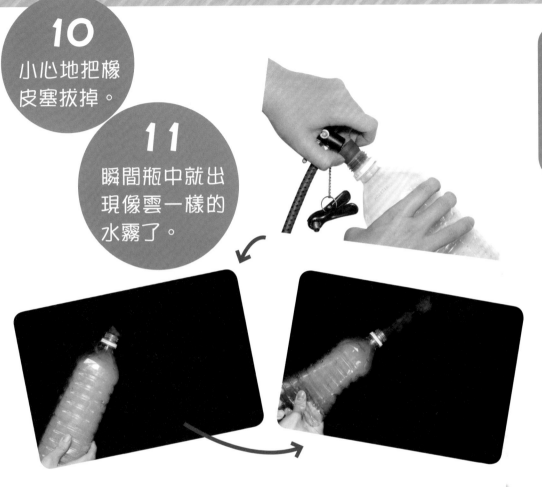

延伸探索

仔細觀察實驗前後，保特瓶裡面的水有沒有變多或變少？如果保特瓶中不加水，實驗還會成功嗎？小朋友有興趣，還可以把瓶中的水換成酒精，看看有沒有不一樣的結果。另外，絕熱膨脹中的絕熱兩個字，指的是變化發生的時間太短，短到好像沒有熱量在過程中與外界交換，並不是把熱量隔絕在外面喔！

【親子學堂】2AB106

孩子的科學遊戲：
53個在家就能玩的科學實驗全圖解

作　　　者	蕭俊傑 科學 X 博士	
責 任 編 輯	黃鐘毅	
版 面 構 成	江麗姿	
封 面 設 計	走路花工作室	
行 銷 企 劃	辛政遠、楊惠潔	

總　編　輯　姚蜀芸
副　社　長　黃錫鉉
總　經　理　吳濱伶

發　行　人　何飛鵬
出　　　版　創意市集
發　　　行　城邦文化事業股份有限公司
　　　　　　歡迎光臨城邦讀書花園
　　　　　　網址：www.cite.com.tw

香港發行所　城邦（香港）出版集團有限公司
　　　　　　香港灣仔駱克道 193 號東超商業中心 1 樓
　　　　　　電話：(852) 25086231
　　　　　　傳真：(852) 25789337
　　　　　　E-mail：hkcite@biznetvigator.com

馬新發行所　城邦（馬新）出版集團
　　　　　　Cite (M) Sdn Bhd
　　　　　　41, Jalan Radin Anum, Bandar Baru Sri Petaling,
　　　　　　57000 Kuala Lumpur, Malaysia.
　　　　　　電話：(603) 90578822
　　　　　　傳真：(603) 90576622
　　　　　　E-mail：cite@cite.com.my

印　　　刷　凱林彩印股份有限公司
　　　　　　2023 年（民 112）6 月 初版 10 刷
　　　　　　Printed in Taiwan
定　　　價　380 元

若書籍外觀有破損、缺頁、裝訂錯誤等不完整
現象，想要換書、退書，或您有大量購書的需
求服務，都請與客服中心聯繫。

客戶服務中心
地址：10483 台北市中山區民生東路二段 141
號 B1
服 務 電 話：（02）2500-7718、（02）2500-
7719
服務時間：週一至週五 9：30 ～ 18：00
24 小時傳真專線：（02）2500-1990 ～ 3
E-mail：service@readingclub.com.tw

※ 詢問書籍問題前，請註明您所購買的書名及
書號，以及在哪一頁有問題，以便我們能加快
處理速度為您服務。
※ 我們的回答範圍，恕僅限書籍本身問題及內
容撰寫不清楚的地方，關於軟體、硬體本身的
問題及衍生的操作狀況，請向原廠商洽詢處理。

※ 廠商合作、作者投稿、讀者意見回饋，請至：
FB 粉絲團・http://www.facebook.com/InnoFair
Email 信箱・ifbook@hmg.com.tw

國家圖書館出版品預行編目資料

孩子的科學遊戲：53 個在家就能玩的科學實驗
全圖解 ／蕭俊傑 著．
-- 初版．-- 臺北市：創意市集出版：城邦文化發
行，民 106.07 面； 公分

　ISBN 978-986-199-479-6(平裝)
　1. 科學實驗 2. 通俗作品

303.4　　　　　　　　　　　　　106009406